아이들이 행복해야

좋은 숲 놀이다

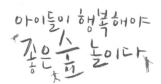

펴낸날 | 초판 1쇄 2015년 6월 26일
　　　　초판 2쇄 2018년 12월 28일

지은이 | 황경택
만들어 펴낸이 | 정우진 강진영 김지영
펴낸곳 | 황소걸음
디자인 | 홍시 happyfish70@hanmail.net
등록 | 제22-243호(2000년 9월 18일)
주소 | 서울시 마포구 신수동 448-6 한국출판협동조합
편집부 | 02-3272-8863
영업부 | 02-3272-8865
팩스 | 02-717-7725
이메일 | bullsbook@hanmail.net

ISBN | 978-89-89370-97-0　03480

이 도서의 국립중앙도서관 출판시도서목록(CIP)은 서지정보유통지원시스템 홈페이지
(http://seoji.nl.go.kr)와 국가자료공동목록시스템(http://www.nl.go.kr/kolisnet)에서
이용하실 수 있습니다. (CIP제어번호 : CIP2015015668)

아이들이 행복해야 좋은 숲 놀이다

좋은 숲 놀이다

황경택 글과 사진

숲에서 아이들과 자연스럽게 놀기까지

황소걸음
Slow & Steady

머
리
말

나는 '굴렁쇠 아이들'과 7년을 함께했다. 처음에는 아이들이 숲에서 놀며 많은 것을 깨닫고 자라기 바랐고, 내가 그것을 도울 수 있다고 생각했다. 그래서 열심히 공부하고 준비해서 아이들을 데리고 숲으로 갔다. 내가 준비한 숲(자연) 체험 교육을 아이들이 잘 따라오면 분명히 많은 것을 배울 수 있으리라고 생각했다. 그러나 숲으로 간 아이들은 운동장이나 교실에서 노는 것과 다르지 않았다. 아이들 모습이 못마땅해서 더 열심히 준비하고, 더 열심히 가르치려고 애썼다.

아이들과 숲에서 보내는 시간이 길어지면서 의문이 들었다. '숲에 와서도 아이들을 가르치려고 하는 내가 잘하는 걸까?' '지금 내 수업을 듣는 아이들이 행복할까?' 그러자 아이들이 보이기 시작했다.

생각이 깊지 않은것이 어린이다.
말을 잘 듣지 않는것이 어린이다.
이랬다저랬다 하는것이 어린이다.
때로는 의젓한것도 어린이다.
말을 잘 듣는것도 어린이다.
한번 말한것을 곧이곧대로 지키고자 하는것도 어린이다.
어린이는 모두 그냥 어린이다.

나는 아이들을 가르치러 숲에 갔지만, 결국 아이들에게 배우고 왔다. 숲에서 아이들은 스스로 느끼고 배우며 자랐다. 나는 곁에서 아이들이 자라는 모습을 지켜보았을 뿐이다. 그나마 내가 했다고 할 수 있는 것은 아이들을 숲으로 오게 해서 숲을 느끼게 한 것, 아이들이 질문할 때 가급적이면 지루하거나 상처 받지 않고 이해하기 쉽게 대답하려고 노력한 것이다.

이 책은 굴렁쇠 아이들과 함께한 기록이다. 물론 같은 아이들과 계속한 것은 아니다. 하던 아이가 중학생이 되면 동생이 이어서 왔다. 2007년부터 2013년까지 7년을 만났는데, 2013년은 숲 체험보다 연극 놀이를 해서 이 책에는 2007년부터 2012년까지 한 숲 놀이 후기를 담았다. 양이 많아 겹치거나 비슷한 후기는 뺐다.

수업을 진행하기 전에 부모님께 계획서를 보내드렸고(나중에는 계획서를 따로 쓰지 않았다), 수업을 마치면 후기를 자세히 작성해서 보내드렸다. 후기는 부모님들께 보고하는 용도지만, 이런 일이 있었고 아이가 이런 생각을 하니 집에서 그 생각이 이어지도록 해달라는 취지도 있다.

다소 부끄러운 후기를 묶어서 책으로 펴내는 것은 우리 아이들이 행복하게 지내고, 어른들이 그 행복을 지켜주기 바라는 마음에서다. 이 책이 이제 막 숲 체험 교육을 시작하는 이들에게 좋은 참고가 되길 바란다. 멋진 수업을 하려고 애쓰기보다 부담 없이 수업에 임하라고 말하고 싶다. 이 책에서 자신감을 얻을 수 있으면 좋겠다.

아울러 숲 체험 교육을 하려는 부모님이나 선생님들은 아이들 머릿속에 많은 것이 남길 바라지 않았으면 한다. 아이들도 숲에서 신나고 즐겁게 놀았으면 좋겠다. 마지막으로 7년 동안 나를 깨우쳐준 굴렁쇠 아이들과 이 책을 낼 수 있도록 허락해준 부모님들께 감사한 마음을 전한다.

차례

이야기 하나

아이들을 만나다

2007 ~ 2008

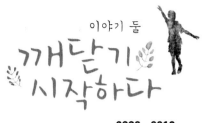

이야기 둘

깨닫기 시작하다

2009~2010

이야기 셋

자연스럽게 놀다

2011~2012

이야기 하나

아이들을
만나다

2007 ~ 2008

숲해설가 선생님이 진행하는 수업은 대부분 어린이를 대상으로 한다. 그래서 '아이들에게 자연이 얼마나 신비로운지, 얼마나 대단한지, 얼마나 아름다운지, 배울 게 얼마나 많은지' 알려줄 방법을 고민하며 열심히 프로그램을 준비하고, 자연스럽게 진행하려고 애쓴다.

아이들은 선생님 마음을 아는지 모르는지, 프로그램에 관심을 두기는커녕 제멋대로인 경우가 많다. 그러면 선생님은 야단치거나 "선생님 말 잘 들으면 이걸 줄게" 하며 참여를 유도하기도 한다.

숲에서 수업을 하는 가장 큰 목적은 자연을 느끼게 하는 것이다. 나 역시 아이들을 처음 만났을 때는 종전의 놀이나 내가 만든 놀이를 진행하는 것을 목표로 삼았고, 내가 준비한 놀이에 한 명도 빠짐없이 참여해야 한다는 생각으로 진행했다. 그러나 그런 수업에 참여한 아이들이 정말 즐겁게 놀았는지, 숲을 잘 느꼈는지 생각해볼 필요가 있다.

실제로 내가 숲 놀이를 진행할 때 관심 있는 아이들은 따라 하고, 그렇지 않은 아이들은 자기가 하고 싶은 활동을 했다. 아이들마다 생각이 다르다는 것을 머릿속으로는 알지만, 실제로 겪어보니 당황스러웠다. 그 모습이 자연스럽다는 것을 그때는 몰랐다.

초기에 진행한 수업의 후기부터 보자. 나름 열심히 준비하고 자연스럽게 이끌려고 애쓰지만, 역시 부자연스럽고 내 의도대로 하려는 모습을 볼 수 있다. 수업 후기 다음에 최근의 내 생각을 덧글로 달았다.

2007년 4월

희람이 어머니가 야탑역에서 차로 데려다주셨어요. 함께 굴렁쇠 사무실에 들렀다가 아이들과 남한산성까지 가는 동안 예상보다 시간이 많이 흘러서, 10시 40분이 다 되어 수업을 시작했어요.

현진이 어머니가 정오 전에 현진이를 데려가야 한다고 멀리서 따라오셨죠. 현진이는 힐끗힐끗 엄마를 보거나, 자기 물건을 맡긴다고 엄마한테 갔다 왔어요. 아무래도 어머니가 수업에 오시면 아이들이 시선을 빼앗기고 맘껏 활동할 수 없으니, 다음부터는 오시지 않았으면 좋겠어요.

간단하게 일정을 이야기해주고, 각자 자기소개도 했어요.

"저는 2학년 최희람입니다."

"좋아하는 게 뭐야?"

"요리도 돼요?"

"응? 응, 돼."

희람이가 요리 얘기를 하자, 나중에 소개하는 아이들도 음식 얘길 많이 하더군요. 보통 좋아하는 것 하면 특기나 취미를 말하는데…. 좋아하는 음식을 얘기해서 당황했지만, 생각해보니 희람이가 맞아요. 자신이 좋아하는 건 뭐든 얘기해도 되니까요.

아정이는 수줍음을 타는지 작은 목소리로 이야기하더라고요. 알고 보니 몸이 좋지 않았대요. 지엽이는 벌써 다른 나무 근처를 서성이고요.

나름대로 소개를 마치고 곧바로 모둠 나누기를 했어요. 그냥 나누면 재미

없어서 간단한 놀이를 했지요.

"선생님이 내는 소리를 듣고 어떤 동물인지 맞혀봐."

개구리, 닭 울음소리를 냈더니 잘 맞혔어요.

"이번에는 선생님이 내는 소리를 듣고, 그 동물의 다리 숫자를 맞히는 거야. 그런데 말이 아니라 몸으로 맞혀야 해. 선생님이 '꽥꽥' 하면 오리 다리는 두 개니까, 친구 두 명이 꼭 껴안는 거야."

비슷한 놀이를 많이 해봐서 그런지 아이들이 바로 알아들었어요. 그렇게 여러 동물 소리를 내며 인원수에 맞게 두 모둠으로 나눴습니다. 모둠 이름을 정하라고 했어요.

"주몽! 주몽!" 성우가 큰 소리로 외쳐댔어요.

"너 혼자 생각이 아니라 모둠 구성원 전체가 동의하는 이름을 정해야지."

모둠별로 회의한 결과, 주몽 모둠과 드래곤 모둠으로 정해졌어요.

"선생님, 모둠 대표도 필요하지 않을까요?"

"그래, 모둠 대표도 정해봐."

아이들은 앉았다 일어났다 하고, 가위바위보도 하고, 매달 돌아가면서 모둠 대표를 하자고 토론하더니 각각 모둠 대표를 정했습니다.

이동해야 하는데 길이 좀 가파르고 지루해서 '같은 모양 찾기'를 했지요. 카드에 그려진 모양과 똑같이 생긴 자연물을 찾는 놀이입니다. 숲에서 이동할 때는 과제를 내는 게 좋아요. 과제를 수행하다 보면 비탈길도 어렵지 않게 지나갈 수 있거든요. 오솔길이 이어질 때 하면 좋은 활동입니다. 다소 어려워하는 아이들도 있는데 다들 잘 찾았습니다. 똑같은 삼각형 카드를 받은 아이들이 찾은 자연물이 서로 달랐어요. "왜 다른 걸 찾았을까?" 질문하자, 호정이가 그러더군요.

"우리는 얼굴이 다르듯이 생각도 다르니까요."

제가 할 말을 정확히 맞혔어요. 마치 예습을 한 아이처럼. 어쩌면 아이들은 웬만한 정답은 다 아는지도 몰라요.

"사람은 다 달라요. 키 큰 사람도 있고, 키 작은 사람도 있고…." 희람이가 거들었어요.

"그래 맞아."

"얼굴이 재미난 사람도 있고, 휠체어 탄 사람도 있어요." 희람이가 계속 얘기했어요. 장애인을 위한 만화를 그리는 어머니의 영향인지 휠체어 탄 사람도 있다는 얘기가 살짝 뭉클하더군요.

"희람아, 선생님 얼굴은 어떻게 생겼어?"

"재미나게 생겼어요."

아이들은 환하게 웃었지만 전 쓴웃음을 지었지요. 같은 모양 찾기는 다양한 카드에 나온 모양을 숲에서 찾아보는 놀이인데, 하트도 있고 별도 있고 손바닥 모양도 있어요. 아이들은 처음에 당황하지만, 자세히 보면 자연에 다 있다는 것을 깨달아요. 그것을 알려주고, 호정이와 희람이가 말했듯이 생각의 다양성을 이해할 수 있는 놀이입니다.

아이들이 재미를 좀 붙였는지 한 번 더 하자고 했어요. 점심 먹고 오후에 다시 하자고 했지요. 늦게 시작해서 금방 정오가 되었거든요. 백 살 정도 되어 보이는 커다란 소나무 밑에서 점심을 먹었습니다.

쑥도 캐고, 풍경도 감상하고, 남한산성에 대한 이야기도 좀 하며 여유를 부리다가 소나무 숲으로 이동했어요. 남한산성 주변에는 소나무가 많아서 소나무에 대한 놀이를 하면 좋을 듯했지요.

'소나무 열매 찾기'를 하고, 열매 안의 '씨앗 찾기'와 숲에서 '어린 소나무 찾기'를 잠시 했어요. 제대로 찾은 아이들은 없었죠.

"왜 씨앗이 보이지 않을까?"

대답을 잘하는 친구가 없었어요. 솔방울 틈에 낀 씨앗 하나를 발견했는데,

꺼내자마자 바람에 휙 날아갔어요. 씨앗을 찾을 수 없는 까닭은 바람에 날아 갔기 때문이에요. 멀리 날아가 근처에서 어린 나무도 찾기 어려웠어요.

바람에 멀리 날아가는 전략을 사용하는 소나무의 지혜를 보며 '솔방울 구슬 치기'를 했어요. 바닥에 동그라미를 그리고 솔방울을 던져 넣는 놀이죠. 역시 다섯 번 정도 했어요. 한 번 해선 직성이 풀리지 않는 모양이에요. 예전에는 시간에 얽매여 놀이 하나 진행할 때 20분을 넘기지 않고 다음 놀이로 넘어갔 어요. 요즘에는 아이들이 좋아하면 충분히 즐기게 해주죠. 놀다 보니 어느새 1시 30분이 되었네요. 산을 내려가야 할 시간이에요.

내려가다가 제비꽃을 발견했어요. 모양이 신기한 듯 아이들이 관심을 보이 더라고요. 봄이고 꽃도 있는데, 꽃과 곤충에 대한 놀이를 해야겠죠? 제비꽃은 뒤쪽에 꿀주머니가 많습니다. 곤충들이 꿀을 먹으러 깊이 들어오게 하기 위해 서죠. 그러다 보면 수술의 꽃가루가 곤충의 몸에 묻고, 나중에 암술에 묻어 꽃 가루받이를 해요. 꽃이 세운 전략은 잘 묻는 꽃가루와 깊이 있는 꿀입니다.

곤충도 가만히 있지 않아요. 곤충은 꿀만 얻으면 되니까요(곤충에 따라 꽃가 루를 먹는 것도 많아요). 꽃가루가 잘 묻지 않게 날개가 비늘처럼 생겼어요. 꽃 가루가 묻으면 날 때 귀찮거든요. 그렇게 꽃과 곤충의 싸움이 시작됩니다. 오 랜 시간이 지나면서 지금 같은 곤충과 꽃의 형태가 만들어졌지요.

아이들 중 한 명은 꿀이 되고, 한 명은 곤충의 입이 되었어요. 나머지 아이 들은 두 모둠으로 나눠서 한 모둠은 꽃가루를, 다른 모둠은 곤충의 날개를 맡 았죠. 꿀은 자꾸 도망가고, 곤충의 입은 그 꿀을 먹으려고 쫓아가고, 꽃가루는 그런 곤충에게 달라붙으려고 하고, 곤충의 날개는 꽃가루가 몸에 붙지 않게 막아줘요. 미식축구와 비슷한 놀이라고 보시면 됩니다. 구체적인 놀이 방법은 아이들에게 물어보세요.

아이들이 하고 싶은 역할이 다 달랐어요. 한 번 하고 또 하고, 세 번째까지 역할을 바꿔가며 진행했죠. 그 과정에서 지엽이 얼굴이 살짝 긁혔어요. 지엽이가 우니까 서연이가 "누가 그랬어, 응? 누가 그랬어?" 하면서 달래주더군요. 울음을 그치지 않아서 제가 달랬죠.

"다 같이 놀다가 다쳤으니까 울지 말고 그냥 이해해주자. 너 놀이 안 하고 그냥 쉴 거야?"

그랬더니 또 한다고 일어나더군요. 어느덧 시간이 많이 지나 내려가는데, 새 한 마리를 봤어요. 새가 희한하게 멀리 도망가지 않고 가까이 날아다녀서 모두 숨죽이고 지켜봤지요.

"저 새 잘 기억했다가 집에 가서 찾아보자. 다음에 모일 때 무슨 새인지 알아 오기!"

"선생님, 저 새가 약간 갈색이죠?"

성우가 동식물에 관심이 많은 듯 보였어요.

"응, 갈색이야."

"집에 가서 꼭 찾아낼래요."

"그래, 선생님도 찾아볼게."

선생이라고 다 알진 못하니까요. 지빠귀 종류 같은데, 저도 한번 찾아봐야겠습니다.

현절사로 내려오다 보면 제가 서울 근교에서 가장 멋지다고 생각하는 풍경이 펼쳐집니다. 쓰러진 나무도 있고, 넓은 풀밭도 있고, 비에 푹 꺼진 절벽 같은 곳도 있고, 무엇보다 하늘을 가리는 커다란 귀룽나무가 있어서 좋습니다. 아이들과 함께 감상하면서 걷다가 아까 약속한 같은 모양 찾기를 한 번 더 했지요. 이번에는 아이들이 모두 잘 찾았어요. 오전에 잘 못 찾겠다고 한 아정이도 금방 찾았고요. 아정이가 가진 카드는 하트였나 봐요. 내려오면서 '쇠뜨기 퍼즐'도 잠깐 하고, '신나무 열매 날리기'도 했어요.

다 내려오니 2시 30분이더군요. 예상보다 한 시간이나 늦게 끝났지만, 준비한 놀이를 절반밖에 못 했네요. 그래도 신나게 놀았으니 만족합니다. 첫 만남이라 아이들과 사귀는 시간이었다는 데 의미를 두고 싶어요. 아이들이 생각보다 훨씬 명랑하고, 같이 지내온 기간이 길어서 큰 문제 없이 마쳤습니다. 날씨가 좋아서 더 행복했고요. 다음에는 남한산성 주차장에서 오전 9시 50분에 만나기로 했습니다.

덧글

아이들을 처음 만난 날인데 사진을 찍지 못했다. 잘 진행된 듯하지만, 앞서 말했듯이 준비한 프로그램을 진행하려는 강사의 욕심이 보인다. 그때그때 만나는 숲에 따라 진행해서 자연스러워 보여도 어디까지나 강사 위주의 프로그램이다.

비탈길을 지나가기 위해 과제를 낸 것, 놀이를 정해진 시간만큼 하지 않고 아이들이 흥미를 보이면 길게 한 것, 나중에 다시 하자고 약속한 것을 잊지 않고 해준 것은 잘했다. 아이들 교육에서 강사의 약속은 중요하다. 지금도 약속은 꼭 지키려고 노력한다.

다친 아이를 제대로 보듬어주지 못한 점은 아쉽다. 놀다 보면 다칠 수 있다는 생각에 큰 상처도 아니니 금방 털고 일어나면 좋겠다고 여긴 듯한데, 작은 상처도 아이가 울 정도라면 달래줄 필요가 있다. 지엽이에게 그날 따뜻하게 안아주지 못한 미안함을 전한다.

2007년 6월

오늘은 아이들이 몇 명 빠졌어요. 남한산초등학교에서 현절사 입구까지 도로변을 따라 걸었습니다. 중간에 벚나무 열매를 따 먹었어요. 맛있더군요. 까만 게 다 익은 거라고 하니까, 그럼 노란 거나 빨간 거는 뭐냐고 물었어요. 안 익은 거라고 대답했지요. 익지 않은 건 신맛 때문에 동물이나 사람이 잘 먹지 않고, 다 익으면 단맛이 나서 잘 먹는다고 했습니다. 그랬더니 모두 하나씩 먹고 싶다고 하더라고요. 두 개씩 돌아가게 따줬습니다.

벌들이 열심히 들락날락하는 접시꽃도 보고, 감자와 호박, 토란도 보았어요. 그렇게 도란도란 이야기하며 현절사에 도착했습니다. 현절사는 충신들을 기린 사당입니다. 현제가 달려가더니 문을 두드리며 "주인장 계시오, 있으면 나오시오!" 하고 큰 소리를 쳐서 조용히 해야 하는 곳이라고 알려주었어요. 사극에서 많이 본 장면이라 한번 해보고 싶었나 봐요.

본격적으로 숲에 들어가기 전에 숲으로 가면 왜 시원한지 알아보기로 했습니다. 모두 숲이 바깥보다 시원하다고 했어요. 정말 그런지 온도를 재보니

30℃였어요. "적어두는 게 좋지 않을까?" 하니, 희람이가 "저는 머릿속에 적었어요" 하더군요. "그래, 모두 머릿속에 적어두고 숲으로 가자" 하고 숲에 들어섰습니다. 숲에 들어가자마자 정말 시원했어요. 온도계를 귀룽나무 가지에 걸어두고, 제 온도를 찾을 때까지 '나무야 고마워' 놀이를 하기로 했지요. 나무가 우리에게 어떤 도움을 주는지 알아보는 놀이입니다.

첫 번째 사람이 나무에게 도움을 받는 동물이 되고, 두 번째 사람은 그 동물에게 도움을 받는 다른 동물이 되는 거예요. 예를 들어 "난 애벌레야. 나무너의 잎을 먹을 수 있게 해줘서 고마워"라고 하면, 곧바로 "난 거미야. 애벌레너를 먹을 수 있게 해줘서 고마워" "난 참새야. 거미 너를 먹을 수 있게 해줘서 고마워" 이렇게 생각나는 대로 계속 해보는 거지요. 아이들이 금방 생각해내서 잘하더라고요. 맨 마지막에 하는 사람은 벌을 준다고 하니, 웬일인지 서로 벌을 받겠다고 하네요. 요즘 아이들이 그런 건지, 이 아이들이 그런 건지 벌로 장기 자랑을 하라니까 저마다 하고 싶어 안달이었어요. 참 신기했습니다.

아무튼 그렇게 있다가 나무를 안고 있던 애벌레가 손을 놓으면 애벌레도 죽고, 결국 모든 동물이 죽지요. 식물은 지구에 사는 동물들에게 최초의 에너지원이 됩니다.

잠시 후 '숨 참기'를 했어요. 얼마나 오래 참나. 최고 기록은 1분 10초로, 호정이가 세웠습니다. 아무리 오래 참아도 1분 남짓인데, 공기가 없다면 우린 몇 분 안에 죽을 수 있겠지요? 그 소중한 산소를 만들어주는 게 바로 나무입

니다. 나무는 참으로 고마운 존재라고 이야기해주니, 희람이가 "나무로는 집도 만들 수 있어요. 정말 고마운 나무예요" 하더라고요. 가만 보면 희람이가 옳은 말을 많이 하죠? 오늘도 희람이는 몇 번이나 활약했답니다.

시간이 좀 지나 귀룽나무에 걸어둔 온도계를 보니 23℃였어요. 바깥쪽과 무려 7℃ 차이가 나네요. 생태적 기능을 하는 숲은 여름날 주변보다 5℃ 이상 낮다고 합니다. 남한산성 숲은 생태적으로 충분히 숲의 기능을 하는 거죠.

숲은 왜 이렇게 시원할까요? 희람이와 현제가 동시에 얘기했어요. 나뭇잎이 빽빽해서 햇빛을 가려준다고요. 맞아요. 한 가지 더 있습니다. 나뭇잎들이 증산작용을 해서 물이 나오고, 그 물이 기체로 변하면서 주변의 열을 빼앗기 때문이에요. 여름날 마당에 물을 뿌려두면 시원해지는 원리와 같아요.

그렇다면 정말 광합성 할 때 물이 나오는지 실험을 해보기로 했습니다. 봉지 네 개를 주변에 있는 나뭇잎에 씌우고, 끈으로 꼭 묶었어요. 실험군이 있으면 대조군도 있어야 하기에 죽은 나뭇가지에도 봉지를 하나 씌웠지요. 햇빛이 비치지 않는 곳, 조금 비치는 곳, 많이 비치는 곳으로 구분해서 봉지를 묶고, 한 시간 뒤에 관찰해보기로 했어요.

그사이에 '나무의 나이 알아내기'를 했습니다. 현제가 그러더군요. "나무를 베어야 나이테를 셀 수 있는데, 우리가 나무 나이를 어떻게 알아요?" 그래서 살아 있는 나무를 베지 않고 나이를 알 수 있는 방법을 상상해서 나이가 같은 나무를 찾아보라고 했습니다.

　두 명씩 짝지어 자기 모둠의 나이와 같은 나무를 찾아보는 건데요, 아이들의 상상력이 참으로 대단해요. 어떻게 그런 생각을 했는지 모르겠습니다. 한 모둠은 자기들 키 높이 지점의 둘레를 재서 몇 뼘인지 세고, 다른 모둠은 사람도 나이를 먹으면 피부가 안 좋아지듯이 나무껍질이 건강해 보이지 않는 것이 나이 많은 나무일 거라고 했어요. 조금 근접한 것도 나왔어요. 희람이가 잣나무 가지가 뻗어 나온 개수를 세더라고요. 총 30개가 넘는다면서 자기 모둠을 합한 나이가 스물일곱 살(세 명이 한 모둠)이라 정확하진 않지만 비슷하다고 했어요. 깜짝 놀랐습니다. 그게 정답이거든요.

　바늘잎나무(침엽수)는 대개 1년에 한 마디가 자라기 때문에 가지가 나온 지점을 세면 나이가 됩니다. 또 다른 방법을 알려줬습니다. 모든 나무가 그렇지는 않지만, 대략 한 아름이 안 되는 나무는 지름이 나이와 비슷합니다. 30cm면 서른 살이지요. 한 아름이 넘는 나무는 생장이 좀 더디기 때문에 60cm라면 백 살이 넘기도 해요. 하지만 나무 종류나 자라는 환경에 따라 달라서 정확한 방법은 아닙니다.

　아이들에게 자를 나눠주고 다시 한 번 찾아보라고 했어요. 잘 찾더군요. 아이들이 나무의 나이를 세고 있을 때 상자에 나뭇잎 한 장을 넣어뒀습니다.

　나무의 나이 알아내기를 마치고, '코로 나무 찾기'를 했지요. 모두 눈을 감은 상태에서 종이 상자 안에 있는 나뭇잎 냄새를 맡고, 주변에서 같은 냄새가 나는 나뭇잎을 찾아내는 겁니다. 정답을 맞히고 싶은 아이들이 냄새는 맡지

않고 "이거예요?" "아니면 이거예요?" 하며 서두르는 모습이 보였어요. "눈이나 머리보다 코가 정확한 경우도 있으니까, 다시 한 번 냄새를 잘 맡고 찾아보자"고 했습니다. 이 나무 저 나무에 코를 막 들이대요. 코로 숲을 느끼고 있지요. 그 모습이 우스우면서도 예쁩니다.

그렇게 좀 찾아보다가 한 아이가 칡 잎을 보고 "이거 같아!" 하자, 아이들이 "이거예요?" 하면서 일제히 같은 행동을 보였습니다. 다시 한 번 냄새를 맡아보고 맞히라고 했어요. 조금 길어졌지만 정답 증후군(?)을 좀 고쳐보기 위해서 끝까지 했습니다. 결국 현제가 잎 하나를 발견하고, 아이들도 그 잎 냄새를 맡아보고 나서야 정답을 맞혔지요. 정답은 생강나무 잎이에요.

김유정의 단편소설 「동백꽃」에 나오는 동백이 노랗게 핀 생강나무 꽃이라는 것은 아시죠? 그 생강나무 꽃은 알싸한 향이 납니다. 토끼풀이나 쥐똥나무 꽃도 비슷하고요. 생강나무 잎이나 가지를 문지르면 생강 냄새가 나서 생강나무라고 해요.

점심을 먹고 나니 어느새 1시가 다 되었어요. '나를 믿어' 놀이를 했습니다. 둘이 짝이 되어 한 사람은 눈을 가리고 다른 사람은 길을 안내합니다. 이때 그냥 안내하는 게 아니라 숲의 말로 안내해보는 거예요. 동물 소리로 길 안내를 해보기로 했어요. 멍멍, 야옹야옹, 짹짹, 깍깍… 둘이서 나름대로 언어를 만들기 시작했습니다. 3분 정도 시간을 주니 앞, 뒤, 왼쪽, 오른쪽 등 네 개 이상 언어를 만들더군요. 짹짹은 앞으로, 짹짹짹은 왼쪽으로… 이런 식이죠.

모두 반환점을 먼저 돌아오려는 욕심에 서둘렀어요. '아니야' '멈춰' 등 사람의 말을 쓰거나, 나무에 부딪히거나, 안내하는 친구가 손을 대거나 하는데, 현제네 모둠은 차분히 안내하는 소리를 따라 움직이려고 애썼습니다. 꼴찌로 들어왔지만 가장 정확하게 해서 칭찬을 해주었어요. 아이들이 한 번 더 하자고 했어요.

세 번 했는데, 다른 아이들도 안내자의 말에 따라 움직이려고 했습니다. 칭찬의 힘이라고 볼 수 있겠죠? 친구를 믿어야 하는 프로그램이고, 숲 속 동물이 그냥 소리 내는 것 같아도 나름대로 대화하고 있다는 것을 알려주려고 해본 놀이입니다.

오후 1시 15분이 되어 내려가기로 했어요. 봉지 씌워놓은 것도 확인해야 하니까요. 내려와서 보니 햇빛이 가장 많이 비치는 봉지에 물방울이 많이 맺혔습니다. 나뭇잎은 더운 날 광합성을 많이 하고, 증산량도 많지요. 나무도 우리처럼 땀을 흘리는 셈이에요. 더운 여름이지만 나무가 산소를 많이 만들어서 좋고, 숲에 가면 시원해서 좋아요. 그런 나무에게 감사하며 모든 프로그램을 마쳤습니다.

오늘도 준비한 프로그램 중 두 개는 못 했네요. 다음 달엔 꼭 해야겠어요. 도시락 준비해주신 어머님들 감사하고요, 다음 달에 또 뵙겠습니다.

덧글

5월엔 쉬고, 6월에 두 번째로 만난 날이다. 이때도 다양한 프로그램을 진행하려는 강사의 욕심이 보인다. 아쉬운 부분도 몇 군데 있다. 예를 들어 현제가 현절사 앞에서 사극풍으로 "주인장 계시오"라고 말할 때 현절사의 의미를 되새겨보거나, 역사와 자연의 관계도 이끌어낼 수 있었을 것 같다. 준비하지 않고 순간적으로 진행하긴 어려웠겠지만, 아이의 행동을 막은 것은 아쉽다.

'나무야 고마워'라는 프로그램도 아쉬움이 남는다. 나무가 정말 고마운 것을 아이들이 좀더 느낄 수 있게 해주고, 나무를 껴안거나 편지를 써보며 나무와 교감하는 시간을 보냈으면 좋았을 텐데…. 전달하려는 내용만 전하고 나무에게 고마움을 전하지 않은 점이 아쉽다.

가장 아쉬운 점은 생강나무 잎을 종이 상자에 넣고 냄새로 맞히는 놀이에서 강사가 정답 증후군에 걸린 아이들을 치유하고 싶어 하면서도 놀이는 정답 맞히기로 흘러간 것이다. 맞히기 놀이로 정답 증후군을 해결하긴 어렵다. 그 놀이 자체가 정답 증후군을 만들기 때문이다. 코의 감각을 일깨우고 오감으로 자연을 느끼게 하고 싶어서 기획한 활동인데, 한계를 벗어나지 못하고 마무리됐다.

냄새 나는 자연물마다 코 모양 카드를 걸어놓고 냄새를 맡으며 가게 한다거나, 다양한 자연물의 냄새를 맡으면서 그냥 가는 것도 나쁘지 않다. 이때만 해도 자연 놀이를 하는 본래 취지를 잘 모르고 좋은 활동에 아이들이 적극적으로 참여하기를 바라는 마음이 많았다.

2007년 7월

이번엔 성우가 와서 아이들이 열 명이 되었네요. 무엇보다 짝이 맞아서 좋았어요. 모둠을 나눌 때도 양쪽이 숫자가 같아야 편하고요. 남한산초등학교에서 만나 현절사 쪽으로 이동했습니다. 한 번 가본 곳이라 아이들이 저보다 앞서 가더군요.

현절사 앞에 도착하니 길섶에 핀 강아지풀이 바람에 산들산들 흔들렸습니다. 아이들이 만지고, 몇 명은 꺾기에 '강아지풀 경주'를 하기로 했어요. 산에서 꽃을 꺾거나 나뭇잎을 따는 것은 자연스러운 일입니다. 나뭇잎으로 신나게 놀아본 사람이 나뭇잎의 느낌을 잘 알고, 그 소중함도 알 수 있지요.

강아지풀을 바닥에 놓고 막대기로 두드리면, 앞으로 달립니다. 서둘러서 마구 두드리다 보면 방향이 바뀌어서 옆으로 가거나 뒤로 오기도 해요. 중간중간 욕심을 내서 막 두드린 친구들은 결국 꼴찌를 하거나 결승전에 올라가지 못했어요. 강아지풀 경주에서는 호정이가 1등을 했습니다. 강아지풀은 한쪽으로 털이 나서 앞으로 나갈 수 있지요. 아정이와 서현이는 강아지풀 경주에

참여하지 않더군요. 경쟁하는 놀이가 마음에 걸렸나 봐요.

이후에 '숲 속 달리기'를 했습니다. 아이들이 숲 속에서 달려본 적은 거의 없을 거예요. 저도 어릴 때를 빼곤 달려본 적이 없어요. 귀룽나무 아래는 평평해서 달리기 좋은 코스였어요. 단풍나무를 짚고 오는 경기인데, 이번에도 호정이가 1등을 했답니다. 호정이는 운동을 좋아하는 모양이에요.

다음 경주는 '애벌레 달리기'입니다. 애벌레처럼 천천히 달리는 사람이 이기는 놀이지요. 우리는 서두르는 것에 익숙한데, 아이들에게 느림의 미학을 알려주고 싶었습니다.

"선생님, 맨 뒤에 오는 사람이 1등이에요?" 준홍이가 물었어요.

"그래, 천천히 가는 사람이 이기는 거야."

아이들은 신기해하면서 사뭇 진지하게 놀이에 임했어요. 애벌레 달리기는 아정이, 서현이도 다 같이 참여했습니다.

세 번 경기한 결과 의외로 성우가 우승했어요. "애벌레들은 이렇게 느린데 어떻게 새들의 공격을 피할 수 있을까?"라는 질문에 답이 쏟아졌지요. 정답은 보호색입니다. 조그마한 애벌레 한 마리한테도 배울 게 많아요.

여러 가지 식물이 있는 곳에 도착해서 '나뭇잎 찾기'를 하려고 준비한 머리띠를 나눠주었어요. 테이프를 이용해 머리띠를 두르고 제 이야기를 들어보라고 했어요. 처음부터 설명했다면 몇 명은 집중하지 않았을지도 몰라요. 뭔가 재미난 일을 할 것처럼 머리띠를 나눠주니 모두 집중해서 듣더라고요. 자신들

에게 필요한 정보라고 생각해서 그랬겠지요?

숲 속에 들어가서 나뭇잎을 한 장씩 따서 손바닥에 감췄다가, 앞사람 이마에 붙여주는 거예요. 머리띠에는 양면테이프를 붙여놨어요. 이마에 붙어 자기 눈으로는 그 나뭇잎을 볼 수 없지요. 나뭇잎이 원래 있던 나무를 찾아내는 것이 과제예요.

알아내기 위해선 옆 친구에게 내 이마에 붙은 나뭇잎에 대해 물어봐야 해요. 질문을 받은 친구는 '예' '아니요'로 대답할 수 있어요. 구체적인 정보는 알려주지 않기로 했습니다. 이 놀이를 하는 이유는 세 가지예요. 첫째, 나뭇잎 모양이 모두 다르다는 것을 알고요. 둘째, 다른 사람의 이야기를 잘 듣고 소통하기 위함이에요. 셋째, 친구 이야기를 통해서 안 사실을 머릿속으로 그리고 있다가 주변에서 찾아보는 관찰력 기르기입니다.

잎이 비슷비슷하게 생겨서 헷갈린 친구들이 몇 명 있지만, 대부분 잘 찾아냈어요. 그렇게 해서 찾아낸 나무의 이름을 알려주고 간단한 설명도 했습니다. 이름만 알려주고 설명하는 것보다 훨씬 잘 기억하겠지요?

배고파서 그런지 그냥 밥이 먹고 싶어서 그런지, 아이들이 점심 먹자고 하더라고요. 12시가 조금 안 됐는데 일찍 점심을 먹었어요. 밥 먹고 놀기 바쁘던 아이들이 오늘은 자기 도시락을 정리하더라고요. 한 번 얘기했는데 잘 기억하고 실천하니 대견해요.

주변에 쓰러진 나무가 많아서 "나무가 왜 이렇게 쓰러졌을까?" 물어봤어요. 저마다 의견을 내더라고요. 물론 다 맞혔습니다. 교육할 때마다 느끼는 건데, 아이들은 답을 잘 맞혀요.

뿌리의 특성이 다른 아까시나무와 소나무를 이용한 놀이를 했습니다. 아까시나무는 한 발로 서고, 소나무는 두 발로 서요. 맨 앞 친구가 바람이 되어 지나가며 손바닥 치기를 해서 나무를 흔들어보는 겁니다. 나무는 비바람이 몰아칠 때 잘 쓰러져요. 바람에 몸이 흔들리고, 비가 와서 땅이 약해졌을 때 뿌리

가 깊지 못하면 결국 쓰러집니다. 놀이를 통해 뿌리의 중요성을 느꼈겠죠?

　다시 귀룽나무 아래로 내려왔어요. 가끔 고함을 지르거나, 큰 소리로 화내는 아이들이 있습니다. 큰 소리를 내면 숲 속 동물이 더 멀리, 더 깊은 곳으로 숨을 거라고 얘기해주었어요. 그리고 '늑대와 사슴' 놀이를 했지요. 사슴은 눈을 가린 채 물총을 들고서, 늑대가 나타나면 쏴요. 늑대가 나타난 것을 알아챘으니 사슴은 목숨을 건졌습니다. 늑대는 저녁을 굶어야 해요. 반대로 살금살금 들키지 않고 다가가서 사슴의 어깨를 덥석 짚으면 사슴이 늑대의 저녁상에 올라가는 놀이입니다.

　사슴은 귀를 쫑긋 세우고 두리번거리며 늑대가 나타났는지 살펴야 하고, 늑대는 낙엽 밟는 소리도 들리지 않게 조심조심 걸어야 해요. 아이들이 즐거워해서 늑대와 사슴 역할을 한 번씩 해봤어요. 동물이 소리에 얼마나 민감한지 알게 해주는 놀이입니다.

　"선생님, 이거 언제까지 들고 가야 해요?" 재헌이가 물었습니다.

　"어, 무겁지? 지금 하자."

　실험하려고 페트병에 물을 담아서 가져왔는데, 좀더 좋은 장소를 찾으려다

결국 맨 마지막에 진행했습니다. 단풍나무 숲길에서 페트병에 담긴 물을 부어 보는 거예요. 사람들의 발에 다져진 등산로와 낙엽이 쌓인 숲 속으로 나눠서 실험을 했어요. 어느 쪽 물이 더 빨리 흐를까요? 아이들의 의견은 조금 달랐지만, 대부분 등산로 쪽이 빨리 흐를 것 같다고 했지요. 결과는 어땠을까요?

아이들은 깜짝 놀라고 흥분하면서 시끄러웠습니다. 아이들이 왜 놀랐을까요? 실험해보지 않으면 알 수 없는 일이 생겼어요. 등산로에 부은 물은 엄청 빨리 흘렀어요. 예상보다 빨랐지만 놀랄 정도는 아니었죠.

바로 옆에 낙엽이 쌓이고 부엽토가 생긴 숲에는 물이 모두 땅속으로 빨려 들어갔어요. 페트병 하나를 다 부었지만, 겉으로 새어 나오는 물은 없었습니다. 숲 속 땅이 물 한 병을 다 먹었지요. 아이들은 그걸 보고 숲에서 홍수가 왜 안 나는지 알았다, 숲에 나무를 심어야 한다, 숲이 있어야 인간에게 좋다며 참새처럼 떠들어대더군요. 아이들의 그런 소리는 좋습니다. 새로운 지식을 알고 흥분한 증거니까요. 제가 굳이 정리하지 않아도 아이들 스스로 정리하고 내려왔습니다. 아이들의 발걸음이 참 가벼워 보였어요.

덧글

달리기에 참여하지 않는 아이들은 나름대로 이유가 있다. 그 이유를 파악하려고 노력해야 하지만, 특별한 이유 없이 참여하지 않는 아이들을 억지로 데려오려고 하지 않아도 된다. 이때는 아직 아이들이 저마다 성격이 다르다는 생각을 못 했나 보다.

'나뭇잎 찾기'도 그냥 말로 하는 수업보다 놀이를 통해 관심을 유도한 점은 좋다. 이때 맞히기로 그치지 않고 나무를 안아주거나, 나무에 대한 느낌 혹은 전하고 싶은 말을 전하면서 나무와 친해졌으면 어떨까.

아이들이 숲 속에서 고함을 지르는 데는 이유가 있을 것이다. 숲에 오면 어른도 고함을 지르고 싶어진다. 발산하고 싶은 것이다. 그런 점을 잘 이해하지 못하고 '늑대와 사슴' 놀이를 진행했다. 놀이 진행이 잘못되었다는 것이 아니라, 아이들의 마음을 이해해주지 못한 것이 아쉽다. 늑대와 사슴 놀이를 통해 소리의 중요성에 대해서 이야기하고, 다 같이 눈을 감고 주변의 소리를 들어본 다음 의견을 나눴으면 더 좋았을 것이다.

물 붓기로 실험을 해본 건 괜찮은 시도다. 자연 놀이를 하면서 실험하는 경우는 거의 없는데, 아이들은 의외로 실험을 좋아한다. 이것 역시 준비한 놀이다. 준비 없이 수업하기 쉽지 않겠지만, 준비한 수업은 생생함이 사라질 수 있다.

전반적으로 교사가 주도하는 수업을 하고 있다. 아이들의 반응에 관심을 기울이고 거기에 맞는 놀이를 하지만, 자연을 느끼고 가까워질 수 있는 프로그램은 부족하다. 특히 아이들이 자연을 관찰하고 친해질 시간을 주지 못한 점이 아쉽다.

2007년 8월

비가 오면 어쩌나 걱정했는데, 날씨가 좋아서 다행입니다. 아이들을 만나는 날엔 신기하게도 날씨가 좋아지네요. 신나게 놀라는 하늘의 뜻인가 봐요.

현진이가 조금 늦게 합류하는 바람에 기다리며 입구에서 좀 놀았어요. 지난번에 갖고 논 강아지풀로 다른 놀이도 하고, 괭이밥 잎을 따서 먹어보기도 했지요. 대부분 처음 먹어본다는데 신맛이 나는 게 신기한지 계속 먹었어요. 딸기 맛 같다는 아이도 있었고요. 생각해보니 비슷한 듯합니다.

현진이가 와서 다 같이 '여왕벌 찾기'를 했어요. 벌이나 개미들은 집단으로 일사불란하게 움직이지요. 여왕벌이나 여왕개미의 신호에 따른 거라고 합니다. 최근에는 그렇지 않다는 연구가 있어 어떤 게 사실인지 명확하지 않지만, 곤충 내부에 체계가 있는 건 분명해요.

원을 만들고 가운데 술래가 들어가서 눈을 감아요. 다른 친구들은 노래를 부르며 빙빙 돌지요. 제가 미리 여왕벌을 정해줘요. 술래가 "멈춰!" 하고 눈을 뜨면 여왕벌이 취한 행동을 다른 벌들도 똑같이 흉내 내는 거예요. 술래는 누가 여왕벌인지 맞혀야 해요.

몸풀기 놀이를 마치고 곧바로 '나 따라 하기'를 했어요. 곤충의 페로몬에 대한 이야기를 해주고 싶었거든요. 먼저 길을 떠난 개미가 다음에 오는 개미들에게 길을 안내해주는 것은 곤충의 몸에서 분비되는 페로몬 때문이에요. 그 방법이 세일즈맨의 영업에도 도입되었다고 합니다.

여왕벌 찾기에서 마지막 술래를 한 희람이가 맨 앞 개미가 되어 이동하면 서 앉았다 일어나거나, 재미난 동작을 취합니다. 그럼 두 번째 친구가 그대로 따라 해요. 세 번째 친구는 두 번째 친구를 보고 따라 하죠. 그렇게 숲까지 이 동했어요. 길이 좁고 이동할 거리가 멀 때 이용하는 놀이로, 앞 친구의 행동을 유심히 봐야 해요.

숲에 들어서니 역시 시원했어요. 아이들은 저마다 지난번에 온도계로 잰 이야 기를 하면서, 지금 숲 밖은 30℃가 넘을 거라고 하더군요. 그렇게 이야기하면서 숲의 시원함을 알고, 자연스럽게 숲의 고마움도 알아가는 거라고 생각합니다.

가보지 않은 잣나무 조림지에 들어갔어요. 그곳에서 죽은 나무를 발견했지 요. 나무에 구멍이 많이 뚫렸어요.

"이건 무슨 구멍일까?"

"딱따구리가 뚫은 것 같아요."

"맞아, 그럼 딱따구리가 왜 여기에 구멍을 냈을까?"

"벌레를 먹으려고요."

"집을 지으려고요."

"집은 더 크게 뚫어서 지을 거야. 이건 벌레를 잡아먹은 것 같아. 근데 여기 에 왜 벌레가 있었을까?"

"……."

"이 나무에만 구멍이 났지? 저기 다른 나무에는 구멍이 없잖아."

"이 나무는 죽었어요."

"그래, 곤충은 죽은 나무를 좋아한단다. 죽은 나무에 알을 낳고, 그 알에서 애벌레가 나온 거야."

"그 애벌레를 먹으려고 딱따구리가 구멍을 냈지요?"

"맞아, 그런데 이 나무는 왜 죽었을까?"

"……."

저는 숲에서 질문을 많이 합니다. 정답은 쉽게 가르쳐주지 않아요. 같이 고민하고 질문하는 동안 새로운 사실을 알고, 일방적으로 들은 지식보다 대화를 통해 얻은 지식이 오래가기 때문이죠. 나무가 죽는 데는 여러 가지 원인이 있지만, 조림지에선 나무들 간격이 좁아서 죽는 경우가 많습니다. 햇빛을 잘 보지 못해서 그렇기도 하고, 뿌리가 약해져서 그렇다고 합니다. 우리가 발견한 나무도 다른 나무들에게 공간을 빼앗긴 게 보였어요.

'가까운 것은 싫어' 놀이를 통해 나무가 살아가는 데 적당한 공간이 필요하다는 것을 알아보았어요. 어릴 때 많이 해본 등 짚고 넘기를 활용했습니다. 술래는 허리를 숙여 발목을 잡고, 나머지는 각자 나무가 되어 나무 이름을 말하며 등을 짚고 넘으면서 자기가 말한 나무가 됩니다. "소나무~" 하고 넘었다면 바닥에 발이 닿는 순간 소나무가 되는 거예요. 그다음엔 움직여서는 안 되죠. 다음 친구는 소나무에 닿지 않게 옆쪽으로 뛰어서 다른 나무가 되고요. 옆 친구를 건드리면 지는 놀이입니다.

여자아이들이 못 넘겠다고 하니, 여자애들이 넘을 땐 완전히 웅크려 앉아서 넘기 쉽게 하자는 의견을 내더라고요. 알아서 규칙을 바꾸는 모습도 좋아 보였어요. 선생님이 정해준 대로 하는 것보다 상황에 따라 바꿀 줄도 알고, 응용하는 것이 창의적이지요.

"나무들이 다 똑같이 생겼어요."

"정말 다 똑같을까?"

비슷비슷한 나무들 사이에서 자기 나무를 구별하는 '내 나무 찾기'를 해봤어요. 눈을 가리고 있으면 짝이 된 친구가 나하고 닮은 나무를 소개해주는 놀이예요. 눈을 가린 채 나무를 만지고 안아보며 충분히 익힌 다음, 제자리로 돌아와서 눈가리개를 풀고 자기 나무를 찾아보는 거지요.

아이들이 홀수라서 제가 현진이하고 짝이 되었어요. 현진이는 피부가 고와서 잣나무 사이에 자라는 단풍나무를 소개해줬어요. 금방 찾아내더라고요. 저도 나뭇가지 형태를 잘 기억했다가 제 나무를 찾았습니다. 다른 친구들도 자기 나무를 잘 찾았어요. 눈을 가린 채 움직여야 해서 안내하는 친구를 믿고 따라가야 하고, 안내하는 친구도 눈을 가린 친구가 안전하게 올 수 있도록 안내해줘요. 친구와 닮은 나무를 찾으려면 친구의 특징도 생각해봐야 해요. 옆 친구를 한 번 더 생각해보는 프로그램입니다. 물론 가장 근본적인 것은 나무를 손으로 만지고 안아보며 느끼는 놀이예요.

시간이 꽤 지나서 점심을 먹어야 하는데, 비가 와서 진흙탕이 된 길이 많아

점심 먹기 좋은 곳을 정하기 어려웠어요. 결국 지난번에 먹은 장소까지 갔지요. 점심을 맛나게 먹고, 잠깐 쉬는 동안 저는 주변 숲에서 몇 가지 자연물을 찾아서 준비한 주머니에 넣었어요. 마지막으로 희람이가 점심을 다 먹고 오후 프로그램으로 들어갔습니다. 나뭇가지에 주머니를 걸어두고, 그 안에 있는 자연물이 무엇인지 알아보는 놀이예요.

주머니에 손을 넣어서 만져보고 안에 있는 것을 찾아 가져와야 해요. 나뭇잎, 나무껍질, 열매 그렇게 세 가지를 넣어두었지요. 아이들은 나무껍질과 나뭇잎을 찾았어요. 두 가지 중에도 다른 나무껍질을 가져오거나, 다른 나뭇잎을 가져오기도 했고요. 주머니의 사물을 꺼내 비교하고, 내가 찾은 나무껍질과 어디가 어떻게 다른지 자세히 알아봤어요. 열매를 찾지 못해 다시 시간을 주니 다 찾아오더군요. 그리고 한 친구가 추리를 해냈어요.

"이거 혹시 한 나무에서 나온 거 아냐?"

성우가 눈썰미가 있나 봅니다.

"맞아, 이것들은 한 나무에서 나왔어. 그럼 이제 그 주인을 찾아보자."

말하자마자 아이들이 주인을 찾아냈어요.

"근데 이건 무슨 나무예요?"

"이건 물오리나무란다."

아이들은 오늘 물오리나무를 자세히 알았지요.

시간이 많이 지나 내려가면서 나뭇잎 카드를 한 장씩 나눠주고, 똑같은 나뭇잎을 찾아보라고 했어요. 제가 미리 수종 조사를 해서 집에서 그린 나뭇잎 카드입니다. 두리번거리면서 같은 나뭇잎을 찾으려고 많은 나뭇잎을 관찰하며 내려갔습니다. 중간에 틀린 것을 찾아서 다시 찾기도 했고요. 결국 모두 맞게 찾았어요. 제가 같은 종류를 두 장씩 만들었기 때문에 같은 나뭇잎을 찾은 아이들이 두 명씩 있는 셈이죠. 아이들이 홀수라서 저도 한 장 찾았습니다. 아이들이 가져온 나뭇잎은 준비한 골판지에 풀로 붙였어요. 그리고 흰 천에 엎어서 놓고, '나뭇잎 메모리카드' 놀이를 했습니다.

제가 준비한 나뭇잎 카드로 해도 좋지만, 실제 나뭇잎을 보고 하면 효과가 좋을 것 같아서요. 놀이하면서 찾아낸 나뭇잎은 아이들이 무슨 나뭇잎인지 알 수 있어요. 제가 나눠준 나뭇잎 카드에 이름이 적혀 있고, 이름을 불러가면서 메모리카드 놀이를 하기 때문에 다른 친구의 나뭇잎도 알죠. 그리고 나서 준비한 가위로 세 조각을 내서 '나뭇잎 퍼즐'까지 했습니다.

처음엔 자기가 찾아온 것 맞히기, 그다음엔 다른 사람 것 맞히기. 재미있어 하더군요. 신기하게도 나뭇잎 퍼즐을 마치고 한 명도 조각을 버리지 않고 꼭 쥐고 내려왔습니다.

"엄마에게 이거 맞혀보라고 하면 금방 맞힐까, 오래 걸릴까?"

"오래 걸려요."

나뭇잎 퍼즐 해보셨나요? 아이들은 모두 맞히는 데 1분 30초 걸리더군요. 제 생각에 부모님들은 더 걸릴 것 같아요. 나이가 많아도 관찰하고 만져본 아이들을 당하긴 어려울 테니까요. 참 지식은 책이나 컴퓨터에서 얻는 것이 아니라 경험하고 느낀 것이라고 생각합니다. 준비한 프로그램을 모두 하진 못했습니다. 오늘 못 한 건 다음 달에 하지요.

덧글

자연스럽게 진행하려고 애쓰지만, 여전히 프로그램을 강사 위주로 진행한다. 놀이는 대부분 아주 좋은데, 이번에는 진행한 놀이가 많다. 세 시간이 짧은 시간이 아니라도 지나치게 많은 프로그램으로 아이들을 벅차게 한 게 아닌가 싶다. 후기 마지막에도 준비한 프로그램을 못 했다고 한다. 아직도 뭔가 준비해서 다 진행하려는 욕심이 있다는 얘기다.

나무를 종합적으로 볼 수 있게 주머니에 한 나무에서 나온 것을 넣은 시도는 좋다. 하지만 어린아이들이니 한 가지 자연물만 넣어도 충분하지 않았을까 생각도 든다. '나뭇잎 메모리카드' 놀이를 마치고 곧바로 '나뭇잎 퍼즐'을 진행한 것도 잘했다. 놀이가 이어지는 것이 좋기 때문이다. 종이가 빳빳했으면 더 좋았을 것 같다.

2007년 9월

며칠 동안 비가 와서 걱정했는데, 오늘은 날씨가 아주 좋았습니다. 우리 교육이 있을 땐 비가 한 번도 오지 않았네요. 그래도 좀 서늘해서 평상시 코스와 반대로 가기로 했어요. 평상시에 가던 코스는 큰 나무가 많아 그늘이 지거든요.

북문 쪽으로 가서 산등성이를 타고 이동하기로 했습니다. 올라가기 바로 전, 주택가에서는 어떤 소리가 들리는지 귀 기울여봤어요. 평상시에 잘 들리는 소리겠죠? 아이들마다 달랐지만 주로 자동차 소리, 사람 소리 등 다섯 가지 정도였어요.

숲 속에 들어서자마자 다시 한 번 어떤 소리가 들리는지 알아봤어요. 이번에는 소리 지도를 그려가면서 알아보기로 했죠. 소리 지도는 종이에 나의 위치를 그리고, 나를 중심으로 어떤 소리가 어느 쪽에서 얼마나 크게 들리는지 표시하는 거예요. 모두 신중하게 앉아서 눈 감고 숲 속에서 들리는 소리를 표시했어요.

까불 것 같던 준호는 한쪽에 의젓하게 앉아 소리 지도를 그리고, 성우는 열 가지가 넘는 소리를 잡아내더군요. 섬세하고 집중력이 뛰어난 듯합니다. 숲 속에서는 매미 소리, 새소리, 바람 소리가 많이 들렸어요. 등산객의 소리도 있고요.

"숲 속 동물은 어떤 소리를 좋아할까?" 아이들은 새소리나 바람 소리라고 대답했어요. 동물들은 소리에 민감해요. 새소리를 들으려면 나무를 심으라는 말이 있습니다. 자연이 소중하다고 느끼면 자연의 모습으로 만들어주면 되지요. 우리에겐 자연의 소리가 더 소중하다는 것과 아이들의 집중력을 느껴보는 시간이었습니다.

곧바로 '박쥐와 나방' 놀이를 했습니다. 나방을 잡아먹는 박쥐는 아이들이 말한 것처럼 초음파를 이용해요. 준호와 지석이가 박쥐에 대해서 많이 아는지 이야기를 줄줄 쏟아내더라고요. 초음파를 쏴보지 않아서 박쥐의 구조를 정확히 이해하지 못하지만, 우리의 청각 구조와 비슷할 겁니다. 초음파는 우리가 들을 수 있는 주파수를 넘어서는 음파잖아요. 박쥐는 우리가 들을 수 없는 주파수로 소리를 내서 방향이나 거리를 판단합니다. 박쥐와 나방은 초음파를 이해하는 놀이예요.

박쥐를 맡은 친구는 "박쥐!"라고 하면서 초음파를 쏩니다. 그 초음파를 맞은 나방은 "나방!"이라고 자기 위치를 알려주죠. 박쥐는 그 소리를 듣고 거리와 위치를 계산해서 나방을 잡아요. 놀이 요령을 잠깐 설명하니 지석이가 "아하" 하더군요. 그렇다면 목적을 반은 이룬 것입니다. 우린 초음파를 이용해서

사냥하는 동물의 이야기를 자주 들었죠. 책에도 많이 나옵니다. 하지만 그것을 어떤 식으로 이용하는지 잘 몰라요. 지석이도 그것을 말로만 듣다가 이해한 모양입니다. 유용한 정보와 지식은 책에 있는 글자가 아니죠. 자신이 이해하는 순간에 비로소 자기 것이 됩니다.

아이들이 이 놀이를 아주 좋아했어요. 돌아가면서 두 번씩 해봤죠. 중간에 동굴 역할을 맡은 성우가 장난을 치자 호정이가 뭐라고 하는 바람에 두 사람의 신경전이 시작됐고, 저는 둘 다 잘못이 있지만 서로 사과하라고 시키지는 않겠다고 했습니다. 제 기억에 친구와 사이가 안 좋을 때 주변에서 강제로 권해 사과를 해도 상쾌하지 않았거든요. 나 스스로 결정했을 때 진심으로 사과할 거라고 생각했어요. 평상시 잘 지내던 아이들이어서 그런지 점심때 둘이 웃으면서 밥을 먹더군요. 자연스럽게 화해한 것이죠.

점심 먹기 전에 놀이를 하나 더 했습니다. 이동 중에 여치와 방아깨비 등 곤충을 몇 마리 봤거든요. 그래서 곤충 놀이를 했어요. 곤충의 보호색에 대해 책에서 여러 번 봤지만, 실제로 경험해보진 못했을 겁니다.

제가 준비한 색 끈이 곤충이라고 했어요. 교육할 때 사용하는 교구는 실물과 같지 않아도 됩니다. 아이들은 충분히 이해하고 그렇게 여기죠. 실물과 최대한 비슷한 모양이 아니라, 왜 그런지 원리를 이해하는 것이 중요하니까요. 그래서 저는 교구를 간단하게 만들 때가 많아요. 이번에도 색 끈을 잘라서 여러 가지 곤충이라고 했어요.

　두 모둠에게 곤충(색 끈)을 같은 숫자로 나눠줬어요. 그리고 자기 모둠의 공간에 곤충을 숨겨보기로 했습니다. 상대 모둠이 찾지 못하게 이왕이면 비슷한 색 자연물에 숨겨야겠지요? 하지만 땅을 파서 묻거나 다른 것으로 덮지는 말고, 자연물의 곁에 두라고 했어요.

　이윽고 자리를 바꿔 상대 모둠의 곤충을 찾는 시간. 새가 되어 사냥을 해보는 거죠. 교구가 아니라 실제 곤충을 잡은 친구도 몇 명 있었어요.

　생각보다 많은 곤충(색 끈)을 찾았습니다. 어떤 색 끈을 가장 많이 찾았을까요? 제가 나눠준 색 끈은 초록색, 하늘색, 황토색, 빨간색, 검은색입니다. 당연히 빨간색이 가장 많았고, 하늘색도 비슷하게 많았어요. 초록색과 황토색, 검은색은 많이 찾지 못했어요. 풀밭이 초록색이고, 땅바닥이 황토색이며, 검은색은 여기저기 그늘이 지고 썩은 나뭇가지와 비슷해서 찾기 어려웠나 봐요.

　그렇다면 곤충은 대부분 어떤 색일까요? 초록색이나 검은색이 많습니다. 황토색을 띤 것도 많고요. 빨간색인 무당벌레는 어떻게 된 걸까요? 그건 경고색이라고 해서 독이 있으니까 먹지 말라는 신호입니다. 실제로 무당벌레가 독이 있다기보다 빨간색인 다른 벌레가 독이 있거나 맛이 없어요. 새들은 그런 벌레를 한번 먹어본 다음에는 같은 색 벌레는 먹지 않죠. 그래서 다른 벌레들도 빨간색을 띠어 독이 있거나 맛이 없는 척하는 거예요. 오히려 눈에 잘 띄게 빨간색으로 경고하니 넓은 의미에선 보호색입니다.

점심을 먹고 '자리를 바꿔라' 놀이를 했습니다. 그렇게 찾아다닌 통나무가 이제야 보이더군요. 원래 오늘 수업 계획에는 없었지만 본 김에 해야죠. 5월부터 기획했다가 통나무가 안 보여서 못 했거든요.

제가 아마존의 악어가 되어 땅바닥에 떨어지는 아이들을 잡아먹겠다고 했어요. 모두 통나무에 올라가더라고요. 중심을 잡아가면서 떨어지지 않으려고 애쓰는데, 그 정도로는 재미가 없죠? 키가 큰 순서대로 자리를 바꾸라고 과제를 줬어요. 난리가 났습니다. 윤진이, 서연이가 "꺅!" 하는 소리가 남한산성에 울려 퍼졌어요. 두 아이는 재밌으면 고함을 지르더군요.

떨어지지 않으려고 애쓰고, 과제를 수행하려고 애쓰다 결국 네 명만 살아남고 모두 떨어졌죠. 아이들이 다시 하자고 해서 네 번 더 했어요. 머리카락 길이, 발 크기, 생일, 이름 가나다 순서… 더 낼 과제가 생각이 안 나서 못 했네요.

통나무 위에서 과제를 위해 서로 돕고, 어떻게 이동하면 떨어지지 않고 안전한지 아이디어를 내는 모습이 참 예뻤습니다. 나 자신을 알고 주변 친구도 잘 알아야 과제를 수월하게 할 수 있어요. 같은 조건이라면 서로 잘 아는 친구들이 과제 수행 속도가 빠르죠. 친하게 지낼수록 일을 쉽고 빠르게 해결할 수 있음을 알게 해주는 놀이입니다. 협동심도 기르고요.

경치가 좋아 그 자리에서 사진을 찍어보기로 했어요. '숲 속 사진사' 놀이죠. 두 사람이 짝을 지어 앞사람은 카메라가 되고, 뒷사람은 사진사가 됩니다. 뒷사람이 앞사람의 어깨를 잡고, 찍고 싶은 자연물이나 풍경 쪽으로 카메라

를 안내하죠. 그때 카메라는 꺼져 있으니 눈을 감아요. 찍고자 하는 대상이 정해지면 멈추고 어깨를 눌러 카메라를 켭니다. 다시 어깨를 누르면 사진을 찍고요. 카메가 된 친구는 "찰칵" 하며 눈을 깜빡입니다. 가까이 찍기 위해선 카메라가 된 친구 얼굴을 사물 가까이 대주고, 넓게 펼쳐서 찍고 싶을 땐 어깨를 잡고 화면을 눈에 다 담을 수 있게 해줘요.

모든 아이들이 사진사도 되어보고, 카메라도 되어보죠. 이윽고 돌아와서 사진을 인화합니다. 인화는 준비한 종이에 색연필로 그림을 그리는 거예요. 인화한 즉시 묶어둔 줄에 사진 전시를 했어요.

아이들이 "누가 가장 잘 그렸어요?"라고 물어서, 잘 그린 그림을 뽑아보기로 했습니다. 다 잘 그렸다고 말해주는 게 좋을 수도 있지만, 잘 그린 그림을 뽑았어요. 그 그림을 뽑은 이유도 얘기해줬죠. 지석이와 성은이는 5분도 안 돼서 다 그렸다고 가져왔어요. 반면에 희람이, 서연이, 아정이, 윤진이는 20분 정도 그리더라고요. 당연히 오래 그린 친구들 그림이 더 낫겠죠? 대상을 꼼꼼히 보고, 정성스레 그렸기 때문에 더 좋은 그림이 되었다고 했습니다.

호정이가 한 장 더 그리겠다고 종이를 달라더군요. 잘 관찰하지 못했다는 생각이 든 모양입니다. 다시 그리게 했죠. 하지만 다른 프로그램을 해야 해서 많은 시간을 주진 못했어요. 평상시 지나치던 풍경이나 풀 한 포기도 사진을 찍는다는 생각으로 다가가서 보면 참 아름다워요. 아이들도 그걸 느끼면 좋겠다는 바람으로 해본 놀이입니다.

마지막에는 소리를 듣고 무슨 열매인지 맞히는 '귀로 보기'를 했어요. 준비한 종이 상자 다섯 개에 숲에서 볼 수 있는 여러 가지 열매를 넣어두었죠. 그중에 두 개는 같은 걸 넣었어요. 그것을 알아내는 놀이입니다. 한 명씩 상자를 흔들어 소리를 들어보고 마음속으로 정답을 생각해요.

모두 다 들었을 때 정답을 물으니, 모두 한목소리로 2번과 4번을 외치더군요. 맞았습니다. 그렇다면 각 상자에 든 내용물이 뭔지도 맞힐 수 있을까요? 솔방울은 맞혔는데, 다른 것들은 좀 어려워서 못 맞혔어요. 그래도 눈으로 보지 않고 뭔가 알아낸다는 것이 신기한 경험이었겠죠? 청각을 자극하고, 열매마다 특징이 있다는 것을 알게 해주는 놀이입니다.

이달에는 먼저 말씀드린 대로 청각을 자극하는 놀이를 많이 했어요. 다음달에는 식물의 열매와 단풍에 관한 프로그램을 진행할 예정입니다.

덧글

청각 놀이를 하겠다고 정한 날이다. 굳이 그러지 않아도 될 텐데…. 그래도 다른 방식으로 자연에 접근하려는 의도는 참신해 보인다. 초반에 주택가의 소리와 숲 속의 소리를 비교해보는 건 좋은 방법이다. 청각을 이용한 관찰력으로 자연을 느낄 수 있는 시간이기 때문이다. 곧바로 '박쥐와 나방' 놀이를 한 것도 연계되어 좋다. 뒤에 진행한 '귀로 보기'와 연계하면 더 좋았겠지만, 비슷한 영역을 이어서 진행한 것은 잘했다.

청각과 관련은 없지만, 중간에 '자리를 바꿔라' 놀이를 한 것은 괜찮다고 본다. 꼭 정해진 놀이를 하는 것이 아니라 수업한 장소에서 발견된 것을 가지고 이야기하고 놀면 된다. 통나무를 이용한 놀이는 협동심도 좋지만, 서로 스킨십 하는 게 중요한 목적이란 걸 나중에 알았다. 숲 놀이 수업을 배우거나 기획할 때 그 놀이에는 어느 한 가지 목적만 있지 않다는 것을 생각해야 한다. 몸을 쓰는 활동에도 감성을 키우는 부분이 있다.

'숲 속 사진사' 놀이에서는 어떤 사진이 좋은지 미리 얘기해줬다면 더 정성스럽게 그렸을 텐데 하는 아쉬움이 남는다. 강사가 그림을 그리는 사람이긴 해도 아이들이 의견을 모아서 잘 그린 그림을 뽑는 게 어땠을까 싶다.

귀로 보기는 재밌는 놀이지만, 상자에 든 사물로 다른 활동을 이어간다거나 청각을 이용해서 새소리 듣기, 소리 풍경 그리기 등 다른 활동을 진행했다면 더 좋았을 것이다. 이때도 여전히 놀이 나열하기에 가까운 수업을 했다.

2007년 10월

전철을 타고 올 때는 몰랐는데, 산성 입구에 들어서자 형형색색으로 물든 가을 단풍에 저절로 탄성이 나왔습니다. 나뭇잎은 떨어지기 전에도 아름다운 풍경을 선물하고 가는구나 생각하니 다시 한 번 고맙더라고요. 산에 가면 좀 추울 거라고 했는데, 오히려 더웠어요. 날씨도 그만큼 좋았습니다.

처음에 '무지개다리 만들기'를 했어요. 먼저 제가 그린 무지개다리를 보여줬어요.

"그리다 보니 좀 짧네. (사실은 일부러 그랬죠.) 나머지 부분을 완성해보자. 대신 주변을 잘 보면 자연물 중에 무지개에 맞는 색깔이 있을 거야."

아이들은 반신반의하면서 주로 빨간색 단풍잎만 가져왔어요. 그러다가 조금씩 다른 색깔도 발견했지요. 거의 완성될 무렵, 조금씩 채워지는 무지개를 보고 "정말 무지개 같다!"면서 좋아하더라고요. 빨간색과 노란색 정도라고 생각하지만, 사실 자연에는 주황색과 다홍색, 연두색, 초록색, 보라색 등 24색

크레파스보다 다양한 색이 있습니다.

　두 번째는 가을이라면 빼놓을 수 없는 낙엽 놀이를 했어요. 원래는 낙엽을 주워서 놀다가 나중에 낙엽의 주인을 찾으려고 했는데, 아직 나뭇잎이 떨어지지 않아서 주인을 찾기가 무척 쉬웠어요. 그래서 나뭇잎을 관찰할 수 있는 '낙엽 가위바위보'를 했지요. 한쪽 모둠이 제시한 낙엽과 같은 낙엽이 있다면 점수를 얻고, 없다면 처음에 제시한 모둠이 점수를 얻는 놀이입니다. 그렇게 열 가지 정도 낙엽을 찾아서 알아보았어요.

　그다음엔 제가 제시한 사항에 맞는 낙엽이 있는지 두 사람씩 등을 대고 가위바위보처럼 해봤어요.

　"낙엽 중에 길이가 가장 긴 것!"

　"한 가지 색이 아니라 여러 가지 색을 띤 것!"

　"잎자루가 가장 긴 것!"

　제가 제시한 사항에 가까운 잎을 가진 사람이 상대의 나뭇잎을 따는 놀이예요. 그렇게 놀이하면서 낙엽을 더 자세히 볼 수 있습니다. 나무마다 잎이 다른 형태거든요. 주운 낙엽만으로 그 숲 주변에 있는 나무 종류도 알 수 있습니다. 느티나무, 서어나무, 버드나무, 벚나무, 귀룽나무, 밤나무, 보리수나무, 층층나무, 당단풍나무, 신나무, 전나무…. 놀이하던 주변에서 찾은 나뭇잎이 열 가지도 넘었어요. 그 말은 주변에 나무가 열 가지 이상 있다는 이야기지요.

아이들 몇 명이 주변 밤나무에서 밤을 까고 있었어요.

"밤은 왜 동글동글하고 딱딱하게 생겼을까?"

아이들이 한 명씩 의견을 냈어요. 계속 질문하다 보면 아이들 스스로 정답에 가까워져요. 모든 식물은 자기 씨앗을 멀리 보내려는 목적이 있습니다. 엄마 나무와 함께 있다 보면 제대로 자라기 어렵지요. 무엇보다 병충해가 생기면 가까이 있는 같은 종류 나무들이 다 죽을 수 있어요. 그 때문에 자기 씨앗을 가능하면 멀리 보내려고 합니다.

그렇다면 밤은 어떻게 씨앗을 멀리 보낼까요? 세상 모든 것들의 형태는 나름대로 원인이 있잖아요. 다람쥐나 청설모가 밤이나 도토리를 겨울 식량으로 땅에 묻었다가 찾지 못하면 나중에 그 열매가 나무로 자란다고 합니다. 하지만 나무가 항상 그런 경로로 자라는 건 아니에요. 밤이나 도토리는 산비탈에서 자라며 경사를 이용해서 데굴데굴 굴러갑니다. 그래서 단단하고 동그랗지요.

바로 옆에 단풍나무 종류인 신나무가 있었어요. 신나무 열매를 하나 따서 "그럼 이 열매는 어떻게 멀리 이동할까?" 질문하니, "바람을 타고 가요"라고 대답합니다. 신나무 열매에 날개가 달렸거든요. 단풍나무 열매가 바람을 타고 이동한다는 것은 학교에서도 배웠겠지만, 실제로 단풍나무 열매를 날려본 적은 별로 없을 거예요. 각자 하나씩 따서 날려보기로 했어요.

"와, 멋있다!" 아정이가 신기해하면서 외칩니다. 사진에는 잘 안 찍혔지만, 프로펠러가 돌듯이 날면서 떨어지는 모습이 정말 멋져요. 바람을 타고 가다가

물 위로 떨어질 수도 있고, 아스팔트로 떨어질 수도 있죠. 이왕이면 기름진 숲 속 땅에 떨어지면 좋겠어요.

그래서 흰 천을 깔고 제대로 떨어뜨려보자고 했습니다. 두 모둠에서 한 명씩 성공했어요. 의외로 잘 안 들어가죠. 씨앗이 좋은 땅에 떨어지기도 쉽지 않습니다.

아이들이 배고프다고 해서 점심을 먹었어요. 점심 먹으러 이동하는데 풍경이 아주 멋지더군요. 그런 숲 속을 걷는 아이들의 모습도 보기 좋았어요.

수많은 예술가나 작가들이 예부터 자연에서 작품의 소재나 영감을 얻었다고 해요. 답답할 때마다 산책하면서 머리를 식히고 영감도 떠올렸죠. 우리도 해보기로 했어요.

점심을 먹고 나서 멋진 풍경을 보고 느껴지는 생각을 여덟 글자로 표현해보기로 했습니다. 각자 생각하고 그중에 가장 좋아 보이는 글귀를 뽑기로 했죠. 은행나무 모둠에서 뽑은 글은 '경치 좋은 가을 나라'고, 가을의 숲 모둠에서 뽑은 글은 '아름다운 하늘 숲 땅'이에요.

올라오면서 딴 도꼬마리 열매를 이용해서 작곡을 하기로 했습니다. 아이들이 여덟 명이기 때문에 각자 해당하는 글자의 음을 오선지가 그려진 천에 도꼬마리 열매를 던져서 정하자고 했어요. 정해진 음을 호정이가 리코더로 불어서 들려주고, 다 같이 노래를 불렀어요.

이번에 만들어진 노래는 높은 음이 많아서 좀 어렵더군요. 도꼬마리가 동

물의 털에 붙어서 번식하려고 하는 것과 노래가 생각보다 쉽게 만들어질 수 있다는 것을 느끼게 해주고 싶어서 해본 놀이입니다. 다음에는 놀이를 하지 않더라도 조용히 앉아서 떠오르는 악상을 적어가며 노래를 만들 수 있을 것 같아요. 집에서 한번 해보세요.

마지막으로 그림을 그렸습니다. 먼저 무엇을 그릴까 구상하고 스케치했어요.

"선생님, 색칠할 걸 안 가져왔어요." 희람이가 좀 난처해했어요. 원하던 질문이죠.

"응, 다들 물감이랑 크레파스 안 가져왔지?"

"네~!"

"우리가 사용하는 물감이나 크레파스도 원래는 자연에서 나온 거야. 오늘은 진짜 자연에서 찾은 것으로 색칠해보자."

"어떻게요? 색이 나와요?"

아이들은 어려울 거라 생각했나 봐요. 그래서 제가 얼른 시범을 보여줬어요. 둘리를 그리고 옆에서 딴 풀잎으로 칠했죠. 곧바로 따라 그리는 친구가 둘이나 있어서 '에구! 시범은 가급적 보이지 말아야지' 생각했습니다. 아이들은 금세 요령을 알아채서 자기가 그린 그림에 맞는 색깔을 찾아다녔어요.

종이를 반 접어서 한쪽에 그림을 그리고, 다른 쪽은 팔레트로 쓰게 했어요. 어떤 색이 나올지 모르니까 만나는 자연물마다 문질러서 색깔을 알아보도록 했죠. 아정이는 꼼꼼하게 찾아낸 자연물을 색깔별로 모아두더군요. 나뭇가지

를 주워서 색연필처럼 잡고 그리는 희람이가 인상적이었습니다. 밤 따는 풍경을 그린 현제, 둘리를 그린 호정이와 준호, 나무를 그린 지석이와 서연이, 아정이, 짱아를 그린 성은이. 모두 멋진 그림을 완성했습니다. 자연물로 칠한 그림은 은은한 파스텔 느낌이 납니다.

오늘 수업은 단풍과 열매에 대한 이야기, 음악과 미술 같은 예술이 그렇게 어렵지 않다는 점을 느끼도록 하는 게 목표였어요. 짧은 시간에 많은 것을 얻었을 거라고 생각지 않아요. 늘 그렇듯이 저와 함께하는 시간이 아이들에게 어떤 '동기'가 되었길 바랍니다.

덧글

이 무렵에는 부모님에게 기획서를 제출하고, 거기에 맞는 수업을 했다. 그러다 보니 기획서의 순서대로 놀이를 진행했다. 정해진 시간에 많은 활동을 하려면 이런 방식이 좋다. 하지만 자연스러움에서는 아쉬움이 남는다. 가급적 주제에 맞게 예술 놀이로 하루를 이끌어갔다는 점은 좋게 평가할 수 있는 부분이다. 많은 숲 놀이 선생님들이 흐름 없이 이거 했다 저거 했다 하면서 프로그램을 나열한다. 그에 비해

주제를 정하고 이끌어간 점은 잘했지만, 역시 자연스러운 놀이는 아니다.

'낙엽 가위바위보'는 자주 하는 활동이다. 이 놀이는 쉬우면서도 나뭇잎을 자세히 볼 수 있게 해준다. 숲 놀이나 숲 해설 수업을 하는 선생님들이 진행하는 수업에서는 식물분류학이 빠지지 않는다. 참나무 6형제 구분하기, 소나무 형제 구분하기 등 분류학을 하는데, 이는 관찰력을 기르고 다양성을 이해하기 위해서다. 낙엽 가위바위보에는 그런 것이 모두 있으므로 어린이들에게는 분류학보다 쉬운 이 놀이를 추천한다.

'무지개다리 만들기'는 색깔 놀이인데, 이때는 이렇게 교구를 준비해서 진행했다. 하지만 요즘은 교구 없이 주변에서 주운 사물을 색깔별로 나열하거나 그러데이션을 만들며 색깔 수업을 한다.

'숲 속 작곡가' 놀이도 한 번 하고 멈추기보다, 부르기 어려우면 수정해서 아이들이 작곡에 더 관심을 보이도록 유도하는 게 좋았을 것이다. 최근에는 그렇게 한다. 기발한 프로그램을 생각해냈다는 자기만족이 많은 시기였다.

'자연 물감' 놀이에서는 여러 가지 재료로 다양한 표현을 해보면 어땠을까? 예를 들어 흙에 물을 묻히면 흙 물감이 된다. 나뭇잎이나 열매도 으깨고 물을 조금 타면 좋은 물감이 될 수 있다. 끈적끈적한 느낌을 내고 싶다면 공작 활동에서 흔히 사용하는 목공용 풀을 섞어보자.

2007년 11월

이번엔 '가을 숲 운동회'라고 이름을 붙였습니다. 날씨가 쌀쌀해져서 활동적인 놀이로 준비해봤어요.

첫 번째로 '모둠 체조 만들기'를 하려다가, 아이들이 200m 정도 걸어오며 몸이 풀린 상태라서 바로 '가을 숲 릴레이'를 했죠. 청군과 백군으로 나눠서 제가 준비한 문제 쪽지에 해당하는 것을 가져오는 릴레이예요. 1번은 빨간 열매, 2번은 빨간 단풍, 3번은 노란 단풍, 4번은 바람에 날아가는 열매, 5번은 구멍이 난 낙엽.

주변에 빨간 열매가 없어서 1번 주자 유진이와 현진이가 좀 어려워했어요. 제가 자주 와서 어떤 나무가 있었는지 기억해뒀는데, 그 열매들이 하나도 보이지 않더라고요. 최근에 주변 숲을 정리한 게 한 가지 원인이 아닌가 싶어요. 베인 나무들이 꽤 보였거든요. 지난달엔 없었으니 벤 지 얼마 안 됐겠죠? 우리나라에선 소나무를 중요시해서 소나무 주변 나무들은 주기적으로 잘라냅니다. 소나무 중에서도 병에 걸린 나무는 베어내요.

또 다른 원인은 동물들이 따 먹은 것 같아요. 겨울 날 준비를 하느라 최대한 배불리 먹어두려는 야생동물의 전략이죠. 특히 빨간 열매는 새들이 좋아해요. 지난번에 팥배나무와 찔레나무를 봐뒀는데, 두 나무 다 열매가 없었어요. 그래서 빨간 열매 대신 밤송이로 바꿨어요.

아이들은 자기 번호에 해당하는 자연물을 하나씩 찾아서 미리 나눠준 지퍼백에 담고, 지퍼백을 배턴 삼아 릴레이를 했습니다. 응원전도 대단해서 정말 운동회 같았어요. 이 시기에 이 장소에서 보기 쉬운 자연물을 찾고, 모아서 확인한 다음 이야기를 나눴어요.

두 번째는 '도토리 축구'를 했어요. 도토리깍정이는 구했는데, 알맹이는 찾기 어려웠어요. 역시 동물들이 먹이 삼아 가져갔거나 사람들이 주웠겠죠? 서현이와 재헌이가 알밤을 하나씩 찾아서 도토리를 대신했습니다.

청군과 백군이 문지기를 한 명씩 선발했어요. 지석이와 재헌이가 뽑혔죠. 모둠 구성원이 각자 돌아가면서 승부차기 하듯이 알밤을 차서 골대에 넣는 거예요. 이 대결에서 백미는 마지막에 지석이가 차고 재헌이가 막을 때였어요. 잘 차고 멋지게 막았어요.

알밤으로 축구를 할 수 있는 이유는 뭘까요? 딱딱하고 둥글기 때문이죠. 지난달 수업에서도 잠깐 얘기했는데, 밤이나 도토리는 스스로 땅에 떨어져 굴러가서 엄마 나무와 멀리 떨어질 수 있어요. 식물은 대개 엄마에게서 멀리 가려고 해요. 양분을 섭취하는 것도 그렇고, 산불이나 병충해처럼 같은 환경 변화

에 노출될 경우 같은 결과가 나오기 때문에 이왕이면 멀리 가서 살아남으려고 하죠. 바람을 이용하기도 하고, 동물을 이용하기도 하고, 여러 가지 방법을 동시에 이용하기도 해요.

밤이나 도토리는 사람이 줍거나 동물이 먹이로 가져가는 과정에서 멀리 갈 수도 있지만, 대개 스스로 굴러서 땅속에 들어가거나 낙엽이 쌓여서 나중에 싹이 납니다. 그 과정이 오래 걸려서 쉽게 무르면 안 되기 때문에 딱딱하고, 멀리 갈 수 있도록 둥글게 생긴 거예요. 우리가 신나게 논 것도 밤의 특징 덕분이죠.

놀이를 마치고 비탈길에 밤을 떨어뜨려봤어요. 데굴데굴 굴러가더라고요. 밤의 전략을 한눈에 알 수 있었습니다. 종종 주변에 밤나무나 참나무가 없는데 혼자 자라는 경우를 볼 거예요. 대부분 이렇게 굴러가서 번식한 거라고 보면 됩니다.

세 번째는 '장애물 달리기'를 했어요. 외나무다리를 장애물로 정했죠.

"선생님, 이제 뭐 해요?" 아이들이 묻기에 "외나무다리 건너기야" 하니, "외나무다리가 없잖아요. 아, 그때 그 통나무!" 하고 막 뛰어서 그 자리에 도착했습니다. 그런데 지난번 그 통나무가 동강동강 잘렸어요. 숲을 정리하면서 적당한 크기로 잘라서 한쪽에 쌓아뒀더라고요. 숲을 관리하시는 분들 눈엔 그 통나무가 지저분해 보였나 봐요. 저보다 아이들의 실망이 큰 것 같았습니다. 가끔 어른들에겐 별것 아닌 듯해도 아이들에겐 소중한 것이 있죠.

할 수 없이 한쪽에 쌓인 통나무를 제가 내려서 바닥에 놓고 외나무다리를 만들었습니다. 아이들은 그것으로도 좋아하더라고요. 잘린 나무라서 흔들흔들했는데, 제가 의도한 것보다 많이 흔들려서 오히려 잘됐다 싶었어요.

모두 솔방울을 하나씩 주워서 흔들리는 외나무다리를 건넌 다음 마지막에 놓인 상자에 넣었습니다. 다람쥐가 도토리를 주워서 자기 집으로 가져오는 과정이라고 생각하면 돼요.

첫 번째 주자 유진이가 멋지게 성공해서 좀 쉽지 않나 생각했는데, 이후 여덟 명이 모두 실패했어요. 아이들이 오기가 생겼나 봐요. 한 번 더 하자고 조르더라고요. 이렇게 한 번 더 하자고 하는 경우가 많아서 교육 시간이 종종 길어지죠.

총 인원이 아홉 명이라 청군이 네 명, 백군이 다섯 명이었어요. 그래서 청군 한 사람이 한 번 더 하기로 했어요. 희람이가 4번과 5번 주자를 동시에 했는데, 두 번 다 성공했어요. 지석이도 성공해서 총 세 명이 성공한 셈이에요. 아이들에게 물었어요.

"쉬워 보이는데 왜 성공하지 못했을까?"

"나무가 흔들려서 중심 잡기가 어려웠어요."

"만약 다람쥐라면 어땠을까?"

"다람쥐는 잘했을 거예요. 몸무게가 가벼워서 나무가 덜 흔들리잖아요."

다른 이유도 있지요. 꼬리가 있어서 중심을 잘 잡는다고 지석이가 얘기하

더군요. 맞아요, 꼬리는 동물이 균형을 잘 잡게 해주죠. 사람에겐 그 꼬리가 불편해서 없어졌는지 모르지만, 지금 꼬리가 있다면 성공하는 아이들이 훨씬 많았을 거예요. 사람은 꼬리가 없고 동물은 있듯이, 서로 다른 점이 있어요. 숲 놀이는 그런 것을 고민해보는 시간이기도 합니다.

네 번째는 '개미 줄다리기'예요. 개미는 자기 몸무게보다 20배나 무거운 것을 끌고 간대요. 우리 인간은 몇 배나 끌 수 있는지 비교해보기로 했죠. 우선 아이들 중에 가장 힘센 사람을 청군과 백군 한 명씩 뽑았어요. 청군에선 재헌이가, 백군에선 지석이가 뽑혔습니다. 먼저 지석이가 청군에 속한 사람을 한 명씩 끌기 시작했어요. 줄 안에 들어간 사람이 움직이면 끌린 것으로 했거든요. 쉽게 잘 끌었어요. 결국 백군까지 줄 안에 들어가서 지석이가 모두 여덟 명을 끌어당겼답니다. 힘이 엄청 세죠?

다음엔 재헌이 차례. 재헌이는 네 명까지 끌었어요. 아이들이 강하게 버틴 결과라고 하니까, 지석이가 다시 할 테니 강하게 버텨보라는 거예요. "아마 잘 안 될걸!" 했는데, 그래도 한번 해보겠다고 도전 의지를 불태우더라고요.

여덟 명이 모두 들어가고 지석이가 다시 끌었는데, 결과는 안 끌렸어요. 아이들이 강하게 버티니 끌어당기기 어려웠겠지요. 아이들은 몸무게의 8배도 못 끄는데, 개미는 20배나 끌어요. 그 무거운 걸 턱으로 꽉 물고 말이에요. 개미는 왜 그렇게 힘이 셀까요? 강한 턱이 있기 때문이겠죠? 살아가기 위해서 개발한 특기예요.

당연한 얘기 같지만, 세상에 아무 이유 없이 그 형태가 갖춰진 존재는 없습니다. 모두 이유가 있지요. 그렇게 생각하면 동식물이 다른 시각으로 보여요. '어떤 이유가 있을까?' 하는 호기심이죠. 다양성을 인정하고, 다른 결과를 궁금해하는 호기심이 제가 아이들에게 전해주고 싶은 것입니다.

다섯 번째는 '나무와 함께하는 기마전'이에요. 조금 억지스럽지만 나무에 올라가서 오래 버티는 놀이죠. 생각보다 오래 안고 있더라고요. 거의 5분 가까이 나무를 안고 있었어요. 서현이, 현제, 재헌이가 공동 우승을 했습니다.

한여름에 매미가 맴맴 울면서 나무에 착 달라붙어 있어요. 왜 그렇게 잘 붙어 있을까요? 몸이 가볍기도 하지만, 곤충의 발을 보면 끝이 갈고리처럼 생긴 게 많아요. 잘 달라붙기 위해서죠. 사람한테도 그런 발톱이 있다면 나무 타기가 엄청 쉬울 거예요.

나무에 매달리는 놀이는 대부분 세 가지 목적으로 진행합니다. 첫째, 추운 계절에 땀이 나도록 하는 것. 둘째, 나무껍질의 감촉을 온몸으로 느껴보는 것. 셋째, 동물의 발톱 이야기를 통해 동물을 이해해보는 것.

여섯 번째는 '과자 따 먹기'를 했어요. 요즘은 나무에 올라가지 못한 아이들이 많을 듯해서 준비했습니다. 지난번에 봐둔 나무가 잘려서 이번에도 적당한 나무를 고르기 어려웠어요.

내려오다가 두 갈래로 갈라진 나무를 발견하고, 거기에 끈을 맨 다음 집게로 과자를 달았지요. 조금은 위험하지만 망설이다가 결심했어요. 숲은 흙이 푹신하고 낙엽도 쌓여서 다치지 않을 거라고 생각했습니다. 유진이, 지석이, 현제가 미끄러졌어요. 가슴이 철렁했는데, 다행히 아무도 다치지 않았어요. 남의 집 귀한 아이들을 숲에서 놀자고 데려갔다가 다치면 곤란하잖아요.

그래서 이 놀이는 하지 말까 망설였는데, 한편으로는 숲에서 다쳐 봤자 나뭇가지에 긁히는 정도라고 생각했습니다. 개인적으로는 조금씩 다쳐도 괜찮지 않나 싶어요. 자연은 늘 따뜻하고 푸근하게 감싸주는 존재는 아니에요. 혼자

숲 속에 남아 밤을 샌다고 생각해보면 무섭죠. 자연은 무서운 존재이기도 해요. 그런 공포는 자연을 알아갈수록 줄어들지만, 인간은 자연에 대한 경외감이 필요해요. 불에 덴 아이가 불이 뜨거운 것을 알고 조심하듯이, 숲에서 놀다가 나무에서도 한번 떨어져보는 게 좋지 않나 생각했습니다.

다섯 번째 프로그램을 한 뒤 바로 설명하지 않고, 여섯 번째 프로그램까지 마치고 함께 설명해줬어요. 동물의 발톱 이야기, 동물이 자신의 특기 혹은 무기로 발톱을 개발한 것이라고.

"선생님, 제 무기는 뭐예요?" 지석이가 묻더군요.

"넌 힘이 세던데!"

"아~."

이외에도 한국전쟁 이야기, 삼전도 굴욕 이야기, 임진왜란 이야기 등 아이들의 질문과 대답은 수업 내내 이어졌답니다. 자연 교육과 무관하게 나누는 질문과 대답도 의미 있는 것이라고 생각해요. 마지막으로 재헌이와 나눈 대화가 떠올라요.

"재헌이는 오늘 뭐가 제일 재밌었어?"

"다 재밌었어요. 그중에서도 과자 따 먹기, 축구가 재밌었고요. 아! 나무에 매달리는 것도 재밌었어요. 근데 나무껍질이 딱딱해서 손바닥이 좀 아팠어요."

"아마 나중에 나무에 대한 글짓기를 하라면 다른 친구들이 '나무는 산소를 줘서 고마워요' 할 때, 재헌이는 '나무껍질은 딱딱해서 손이 아파요'라고도 쓸 수 있지 않을까?"

"다른 애들은 안 해본 걸 제가 해봐서 더 많은 것을 쓸 수 있는 거지요?"

제가 생각하는 것을 재헌이가 명확히 알아들었다거나, 서로 생각이 통했다거나 하지 않을 수도 있습니다. 하지만 숲에서 보다 많은 경험을 통해 아이들의 감성이 풍부해지길 바라는 제 마음엔 재헌이가 신나서 하는 마지막 말이참 좋았어요.

덧글

'가을 숲 운동회'라는 주제로 접근한 날이다. 주제에 맞게 다양한 숲 놀이를 진행한 점이 나쁘지 않지만, 자연을 깊고 다양하게 느낄 수 있는 방향으로 정하는 게 좋을 듯싶다. 숲과 친해지기, 숲과 친구 되기, 숲의 이야기 듣기… 이런 방향으로 주제를 정하면 훨씬 다양한 활동을 할 수 있는데, 가을 숲 운동회라고 정하면 운동회에 해당하는 활동으로 제한된다. 다행히 숲 놀이를 통해 아이들이 즐거워하고 숲과 친해졌지만, 기획 단계에서 좀더 숲 느끼기에 맞는 방향으로 유도하는 게 맞다고 본다.

이때는 나무 타기를 조심스러워하는 느낌이다. 아이들이 다칠까 봐 걱정하는데, 그나마 조금은 다쳐도 된다는 생각을 해서 다행이다. 실제로 아이들이 나무타기를 하면서 별로 다치지 않는다. 위험하다는 것을 알기에 주의를 기울이고 집중하기 때문이다. 즉 위험한 놀이라서 위험하지 않다고 말할 수 있다. 자연은 가장 좋은 놀이터라는 말이 다시 한 번 와 닿는다.

2007년 12월

야생동물의 흔적을 찾아보기로 한 날입니다. 야생동물을 보지 않고 흔적만으로 그 존재를 확인하는 것이 목적이에요. 깊은 산이 아니라 등산로가 마련된 주택가 주변이기 때문에 고라니나 멧돼지의 흔적은 찾기 어렵겠지만, 청설모나 새의 흔적은 찾을 수 있을 거라 믿고 출발했습니다.

간단하게 '범인을 찾아라' 놀이로 시작했어요. 술래는 형사가 되어 눈을 가리고 보석함을 지킵니다. 보석함에는 다이아몬드가 들었어요. 물론 진짜 다이아몬드 대신 호두를 넣었지요. 제가 범인으로 지정해준 친구가 형사 몰래 다가가서 호두를 보석함에서 꺼내면, 나중에 형사가 눈가리개를 풀고 범인을 잡는 놀이입니다.

눈 위에서 했기 때문에 보석을 가져간 범인의 발자국이 남아요. 그 발자국의 모양이나 크기로 범인을 잡는 놀이인데, 보석함 근처에 왔을 때 난 냄새나 기타 증거로도 찾아낼 수 있습니다. 여섯 번 정도 해봤는데, 반은 찾고 반은 못 찾았어요.

모든 생명체는 흔적을 남깁니다. 발자국이든, 배설물이든, 먹이든 살다 보면 어떤 형태로나 흔적을 남기지요. 이후엔 실제 동물의 흔적이 있는지 관찰하면서 천천히 올라가기로 했어요.

평상시 천천히 산을 오르는 희람이와 성은이에게는 좋은 시간이 되었겠지요. 올라가기 전에 흔적을 찾는 방법, 찾아서 알아낼 수 있는 사실 등을 간단히 설명하고, 준비한 지퍼백을 하나씩 나눠줬습니다. 발견한 흔적 중 채집하고 싶은 것을 담으라고요. 아이들이 준비한 기록장에 표를 하나 그렸어요. 야생동물의 흔적, 새나 곤충의 흔적, 사람의 흔적, 자연의 흔적으로 항목을 나눠서 발견된 것, 그것을 통해 알 수 있는 사실을 기록하라고 했지요.

어떤 숲해설가는 아이들하고 수업할 때 놀이 이외 프로그램은 진행하기 어렵다고 합니다. 흥미가 떨어지기 때문이라는 게 가장 큰 이유죠. 일정 부분 동의하지만, 실제로 진행해보면 아이들이 실험이나 관찰을 아주 좋아해요. 요즘 아이들에게 놀이 문화가 많이 부족하고 숲을 체험할 기회가 적기 때문에 놀이 교육을 진행하지만, 중간에 관찰과 실험, 토론 등 정적인 프로그램을 준비해서 진행하는 것도 바람직하다고 봅니다.

아이들은 한 가지라도 흔적이 발견되면 그 자리에 모여서 자연스럽게 의견을 나눠요.

"이건 뭐예요?"

"누가 이렇게 한 거예요?"

"이게 왜 여기 있어요?"

호기심이 생기고, 호기심은 토론으로 이어집니다. 제가 대답할 수 있는 부분은 말해주고, 저도 어려운 부분은 같이 고민하고, 집에 돌아가서 찾아보고 나중에 더 이야기하기로 하죠.

"아이 참, 사람의 흔적이 왜 이렇게 많아?"

아이들이 든 지퍼백은 대부분 쓰레기로 채워졌습니다. 산성이 있는 자리까지 올라왔는데, 동물의 배설물이나 먹이 흔적은 거의 보지 못했어요. 딱따구리가 벌레를 잡기 위해 쪼아낸 자리, 까치의 깃털, 청설모가 먹고 남긴 잣 열매 정도가 전부였지요. 그에 비해 사탕 봉지, 과일 껍질, 베인 나무, 휴지, 빈 캔, 깨진 유리 조각, 담배꽁초(산에서 담배를 피우다니)… 사람들의 흔적은 셀 수 없을 정도로 많았습니다.

정상 부근에서 유진이 아버님을 만나 같이 간식을 먹었어요. 15분 정도 간식을 먹으며 쉬고, 흔적 찾기를 계속했어요. 그 자리에서 청설모가 먹고 남긴 솔방울을 발견했지요. 다른 흔적은 찾지 못했습니다.

내려오기 전에 아이들이 춥다고 해서 숲 속에 들어가 두 번째 놀이를 했어요. '나무와 함께하는 피구' 혹은 '사냥꾼을 피해라'입니다. 크게 원을 그린 다음 한 모둠은 사냥꾼이 되어 공을 들고 원 밖에 있고, 다른 모둠은 야생동물이 되어 원 안에 들어가서 사냥꾼이 던지는 공을 피하는 놀이예요. 공은 총알이라고 여기면 되지요. 나무가 있어서 좀 힘들겠다는 말로 시작했는데, 어느새

야생동물이 된 친구들이 나무를 의지해서 자연스레 공을 피하고 있었어요.

숲의 소중한 의미 중 한 가지는 야생동물의 서식처이자 은신처가 된다는 것입니다. 사냥꾼이 된 친구들에게 "공 던지면서 불편한 게 뭐였니?" 하고 묻자, "나무가 있어서 제대로 맞히기 어려웠어요"라고 대답했어요. 반대로 야생동물이 된 친구들은 "나무가 있어서 피할 수 있었어요"라고 했습니다. 인간이 개발함에 따라 숲이 파괴되고, 먹을 것과 몸을 숨길 공간이 사라지기 때문에 야생동물은 더 깊고 울창한 숲을 찾아 떠납니다. 우리가 자주 다니는 산에 야생동물 흔적이 적은 것도 그 때문이지요.

마지막으로 기록한 것들을 정리하고, 어떤 생각이 드는지 한 줄로 적어보라고 했습니다. 적은 친구도 있고 적지 않은 친구도 있지만, 제가 의도한 사실은 다 아는 듯했어요. 가장 많은 것은 역시 사람의 흔적이었어요. 한 페이지가 모자라 다음 장으로 넘어갔으니까요. 빗물의 흔적, 버섯에 의해 썩은 나무, 바람에 의해 썩은 나무가 부러진 자리 등 자연의 흔적도 많이 보였어요.

숲은 그런 자연의 흔적과 야생동물의 흔적이 어우러지고, 멧돼지가 파낸 웅덩이에 개구리가 알을 낳듯이 한 동물의 흔적이 다른 동물의 삶과 연결되는 부분도 많지요. 인간이 개발한 것과 관련된 흔적은 숲 속 자연이나 야생동물의 흔적과 어울리지 못합니다. 우리 인간도 숲 속 자연이나 야생동물과 자연스레 어우러지며 살아갔으면 하는 바람으로 수업을 마쳤어요.

많은 놀이를 하진 않았지만, 나름 의미 있는 하루였다고 생각합니다. 다음 달 수업은 실내에서 하기로 했지요? 장소와 시간, 프로그램이 확정되면 자세히 알려드릴게요. 한 해 마무리 잘하시고, 내년에 뵙겠습니다.

덧글

　　자연에서 흔적 찾기를 해본 날이다. 눈앞에 보이지 않는 것을 흔적만 가지고 세 시간 수업을 이끌어가기가 쉽지는 않다. 주로 동물의 흔적 찾기를 하는데, 이때는 자연의 흔적과 사람의 흔적을 같이 찾아보면서 흔적이란 어떤 것인지, 그것들이 어떤 연관이 있는지 알아보는 시간이 되었다.

　　물론 아직도 기획한 놀이를 하려는 생각에서 벗어나지 못하고 '나무와 함께하는 피구' 같은 프로그램을 진행했다. 놀이에 별다른 문제는 없지만, 자연스럽지 않고 의도적이란 점이 아쉽다. 늘 자연스럽게 수업하기는 어렵지만, 무엇보다 강사가 의도한 놀이를 해야 한다고 생각하는 것이 문제다.

2008년 5월

올 들어 날씨가 가장 좋았어요. 이번에는 '물총새' 선생님이 합류해주셨습니다. 수업에 방해받을까 걱정했는데 그렇지 않더라고요. 지장 없이 잘 진행했습니다.

퀴즈를 내면서 출발했어요. 세상에서 가장 오래 사는 생물은 뭘까? 세상에서 가장 키가 큰 생물은 뭘까? 세상에서 가장 몸무게가 많이 나가는 생물은 뭘까? 퀴즈의 정답은 현절사에 도착해서 들었습니다. 오래 사는 생물은 바위와 산, 거북, 키가 큰 생물은 나무, 무거운 생물은 선생님이란 의견이 나왔어요. 정답은 모두 '나무'예요. 나무는 오래 살고 덩치도 커서 하는 일이 많아요. 이번 달엔 이렇게 대단한 나무에 대해서 알아보기로 했어요.

먼저 풀과 나무는 뭐가 다를까 물었지요. 여러 의견이 나왔어요. 대부분 맞는 얘기예요. 눈에 띄게 다른 점은 두 가지입니다. 첫째, 겨울눈이에요. 한 해만 자라고 죽으면 크게 자랄 수가 없잖아요. 올해 자란 가지 끝에서 이듬해 새롭게 더 자라나야 크게 자랄 수 있어요. 나무는 겨울눈을 만들어서 해결했지요. 죽지 않고 여러 해 살아가다 보니 나이테도 생겼고요.

둘째, 리그닌이라는 목질부예요. 말이 좀 어렵지만 단단한 부분이라고 생각하면 돼요. 키가 커지는데 몸이 부드러우면 부러지거나 쓰러지겠지요? 단단해야 쓰러지지 않으니까 목질부를 만들었어요. 목질부나 나이테는 관찰하기 어렵지만, 겨울눈은 관찰하기 쉬워요.

아직은 겨울눈이 작은 때라, 겨울눈에서 자라난 가지를 찾아보기로 했어

요. 손톱보다 작은 겨울눈에서 얼마나 큰 나뭇가지가 나왔을까요? 길이를 재야 하니 자가 필요해요. 각자 몸에 있는 자를 이용하기로 했어요. 몸 자를 알면 자가 없어도 사물의 길이를 가늠할 수 있답니다.

"저는 손바닥을 재주세요." "저는 팔꿈치요."

그렇게 각자 몸에 있는 자로 새 가지의 길이를 쟀어요. 연두색이나 초록색을 띠는 부분이 올해 자라난 가지예요. 즉 나무가 올해 자란 키라고 볼 수 있지요. 두 달 동안 과연 얼마나 자랐을까요?

아이들이 찾아낸 새 가지는 40cm, 60cm, 90cm, 126cm, 130cm까지 나왔어요. 엄청 길게 자랐죠? 나무의 생장에 놀라지 않을 수 없습니다. 모든 나무가 이렇게 자라는 건 아니지만, 어떤 나무는 아이들 키만큼 자라기도 한다는 것을 직접 재봐서 느꼈으리라 생각해요. 이렇게 빨리 자라니까 숲의 제왕이 되었을 거예요.

"자, 그럼 이 근처에서 가장 키가 큰 나무를 찾아볼까?"

아이들이 이깔나무 한 그루를 찾아냈어요. 철망 근처라 조금 위험하지만, 그 나무의 키를 재보기로 했지요. 여러 가지 방법을 이야기했는데, 대부분 허황된 내용이었어요. "외계인에게 재보라고 해요." "줄자를 들고 저 나무에 올라가요." "그림자를 이용해서 재요."

저는 아이들이 의견을 낼 때마다 지금 재보라고 했어요. 아이들은 못 하고 있었지요. 실현 가능성이 떨어진다는 것을 알면서도 의견을 내는 것은 그냥 해본 말일 가능성이 커요. 창의성이 뛰어난 아이들이 좋지만, 그냥 내뱉는 말은 창의적이라고 하기 어려워요. 잠시라도 궁리를 해봐야죠.

조금 시간이 지나자 구체적인 의견이 나왔어요. 제가 몸 자를 이용하듯이 생각해보라고 살짝 힌트를 줬어요. 그러자 아이들은 한 친구가 나무 옆에 서고 그 친구보다 몇 배 큰지 재보면 알 수 있겠다고 말했죠. 현제가 몸 자 역할을 하기로 했어요.

현제가 나무 곁에 서고, 아이들이 손으로 현제의 키를 멀리서 가늠한 것으로 나무의 키를 쟀어요. 현제가 열 번 들어간대요. 즉 현제보다 열 배나 큰 셈이죠. 현제가 밖으로 나왔고, 이번에는 몸 자로 현제의 키를 쟀어요. 13cm 정도 되는 뼘으로 열 번 했으니, 현제는 대략 130cm예요. 그 키의 열 배니까, 나무는 13m 쯤 되지요. 잠깐 수학 시간이 되었지만, 학교교육의 목적은 일상생활에서 그런 학문이 필요하기 때문이지 문제집을 잘 풀기 위해 배우는 건 아니니까요. 학교에서 배운 것들이 일상에 필요하다는 것을 느끼게 해주고 싶었습니다.

점심을 맛있게 먹고 잠시 이동하는데, 바닥에 때죽나무 꽃이 많이 떨어졌어요. 다빈이가 꽃을 한 주먹 줍더라고요. 바닥에 떨어졌지만 꽃이 예뻐서 저절로 손이 가는 모양입니다.

내려와서 '나무껍질 탁본하기'를 했어요. 해보신 분은 알겠지만 탁본이 어려워요. 그래도 잘 관찰하면 어떤 나무의 느낌인지 감이 옵니다. 아이들이 그것을 느끼기 바랐는데, 명확하게 드러나지 않아서인지 약간 흥미를 잃은 것 같았어요.

그래도 모둠을 나눠서 무슨 나무인지 맞히는 방식으로 진행하니 분위기가 좀 나아지더군요. 결론은 나무 종류마다 나무껍질 모양이 다르다는 것이지요. 그 말을 하니 유진이가 "우리도 얼굴이 다 달라요" 하네요.

그걸 느꼈으면 됐습니다. 다름을 인정하는 데서 이해와 배려가 생기겠지요. 성은이가 나무껍질 탁본을 아주 멋지게 했어요. 요즘은 말수도 조금 늘고, 분위기에 적응해가는 듯해서 참 다행스럽습니다.

잣나무 조림지로 발걸음을 옮겼어요. 거기에 가면 죽은 나무를 발견할 수 있으니까요. 준비한 톱으로 죽은 나무를 하나 잘라서 나이테를 보여줬어요. 세어보니 18개 정도 되더라고요. 아이들은 그 순간 톱질에 관심이 생겨서 저마다 해보고 싶어 했어요. 톱을 가져온 이유도 아이들에게 톱질하는 느낌을 알려주고 싶었기 때문이에요.

톱질하는 느낌이 좋아서 아무 나무나 베어보고 싶어 하면 어쩌나 걱정은 하지 않습니다. 어릴 적부터 톱질을 많이 해온 저도 산 나무를 자른 적은 없어요. 산 나무가 쓱싹쓱싹 잘려서 죽는다고 생각하면 못 할 짓이죠. 죽은 나무를 골라서 잘랐고, 현제와 준하가 톱질을 해봤어요.

시간이 많이 지나서 다음에 또 해보기로 하고 마지막 놀이로 넘어갔습니다. 이야기가 나온 김에 나이테 수업을 했지요. 준비한 나이테 그림에 각자 일어난 일을 적어보라고 했어요. 마침 준비한 나이테 그림도 18칸이어서 방금 자른 나무와 같은 나이예요. 포스트잇을 세 장씩 나눠주고 지금까지 살면서

생각나는 일 세 가지를 적은 뒤, 그 사건이 일어난 해에 해당하는 나이테 칸에 붙이라고 했어요.

2003년에 동생이 생긴 희람이, 2007년 생일에 자전거를 선물 받은 다빈이, 올해 횡단보도에서 사고가 날 뻔한 지석이, 2007년에 입학한 유진이, 얼마 전 친척집에 다녀온 현제, 휴양림에 다녀온 현진이, 2000년에 태어난 아정이…. 각자의 사연이 나이테 조각에 죽 붙었죠.

"방금 자른 이 나무는 열여덟 살인데, 여러분이 적은 사연들은 1999년 밑으론 없네. 왜 그럴까?"

"그때는 저희가 태어나지 않았기 때문이죠."

"맞아, 그러니까 방금 이 나무가 너희보다 나이가 훨씬 많은 거야."

조그만 나무가 나이가 더 많다는 얘기에 몇 명은 깜짝 놀라더라고요. 다 아는 사실이라도 직접 확인하면 좀더 색다른 느낌입니다. 그런 게 체험 교육의 힘이라고 생각해요. 나무들은 우리의 사연이 있던 그때도 묵묵히 숲에 서 있었어요. 우리와 같은 시대에 사는 나무에게 동료애를 느끼고, 살아 있는 생명으로서 존중해주길 바란다는 말로 수업을 마쳤습니다.

내려오는데 진우가 제 손을 잡아서 저도 가만히 잡고 물었어요.

"아까 톱질 못 해서 서운하지 않았어?"

"아니요, 다음에 하면 되잖아요. 그리고 전 그때 밥을 맛있게 먹었어요."

점심때 밥을 조금 먹더니 배가 고팠나 봐요. 애들 톱질할 때 옆에서 밥을 먹으며 지켜봤거든요. 한 친구가 이것을 하면 난 다른 것을 하면 되니까 서운하지 않다는 진우의 생각이 공연히 걱정한 저를 부끄럽게 하더군요. 아이들이 제법 의젓하지요?

덧글

2007년에 비해 그나마 자연스럽게 진행되고 있다. 그러나 '나무 키 재기' 할 때 힌트를 주지 말았어야 한다. 힌트를 줘서 결론에 빨리 도달하기보다 결론에 이르지 못해도 힌트를 주지 않는 게 낫다. 아이들에게 필요한 건 지식보다 지혜이기 때문이다. 지식이 바깥에서 주입된 것이라면, 지혜는 안에서 나오는 것이다.

'나무껍질 탁본하기'는 잘 안 나와도 된다. 탁본이 잘되면 좋겠지만, 그렇지 않아도 나무껍질 모양이 다르다는 사실을 아는 게 중요하다. 그리고 나무껍질이 거칠거칠한 게 있고, 반질반질한 게 있다는 것을 직접 만지면서 느껴보는 놀이다. 탁본이 잘되지 않아도 제대로 느꼈으면 된다. 그때는 아직 이런 것을 몰라서 모양이 잘 나오길 바랐다.

다빈이가 떨어진 꽃잎을 줍고 관심을 보일 때 꽃잎을 활용해서 다른 것을 만들어보거나, 꽃에 관련된 이야기를 해주었다면 좋지 않았을까 싶다. 강사가 놀이를 하는 명확한 이유를 알면 수업 진행이 여유롭고 편안해질 수 있다. 잘 모르면 조급해지고 걱정이 된다. 그러니 숲 체험 교육을 하는 사람은 수업을 왜 하는지 아는 게 중요하다. 숲 체험 교육은 아이들이 자연을 배우기보다 느끼게 하고, 나아가 숲에서 놀며 행복해지기 바라는 마음에서 한다는 것을 명심해야 한다.

톱질을 한 건 이때부터인 듯하다. 이후 아이들이 톱질을 좋아한다는 걸 알고 숲에 갈 때 톱을 자주 챙겼다. 톱질은 별다른 교육적 의미가 없어도 된다. 톱질하며 맘껏 발산할 수 있기 때문이다. 톱질할 때 느낌과 함께 톱밥이 나오면서 나무의 향도 맡을 수 있어 여러모로 좋은 활동이다. 물론 다치지 않도록 사용법을 간단히 설명하고, 아무 나무나 베지 않도록 주의를 줘야 한다.

2008년 6월

날씨가 어떨지 몰라 고민하다가 비를 맞더라도 수업하기로 했습니다. 다행히 비가 많이 오지 않았어요. 아이들이 14명이나 와서 꽉 찬 느낌이었습니다. 충만한 마음으로 수업을 했죠.

이달에는 곤충에 대해 수업하기로 했는데, 날씨가 꾸물꾸물한 게 곤충을 보기 쉽지 않을 것 같았어요. 그래도 곤충의 종류를 많이 알려주거나 정확히 분류하는 것보다 곤충의 생태적 지위에 대한 이야기를 해주고 싶었기 때문에 큰 무리는 없을 거라 생각했습니다.

출발하면서 퀴즈를 냈어요. "지구에서 가장 먼저 하늘을 난 것은 익룡, 시조새, 잠자리, 단풍나무 열매 중에 뭘까요?"

의견이 골고루 나왔어요. 그러다가 마침 단풍나무 열매가 곁에 있어서 모르는 아이들이 있을까 봐 하나 따서 보여주니, 아이들이 그게 정답인 줄 알고 모두 단풍나무 열매라고 답하더라고요. 정답은 잠자리예요. 곤충이 가장 먼저 하늘을 날았다고 합니다. 꽃이 피는 식물은 곤충보다 늦게 태어났어요. 곤충이 꽃가루받이에 도움이 되어 이용했죠. 곤충과 식물은 떼려야 뗄 수 없는 관계입니다.

혹시 '지구는 곤충의 행성'이란 말을 들어보셨나요? 지구에 사는 동물은 140만 종이 넘는데, 그 동물 가운데 70% 이상이 곤충이기 때문에 나온 말이에요. 곤충이 이렇게 번성한 원인은 뭘까요? 아이들이 잘 알더군요. 작아서, 알을 많이 낳으니까, 날아다니니까. 다 맞는 얘기입니다.

 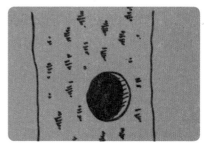

저는 토론 수업을 좋아해요. 정답이 아니라도 다른 사람의 생각을 알 수 있고, 내 생각도 정리해서 답할 수 있기 때문에 아이들 수업에 좋다고 봐요. 준하가 거미도 곤충이냐고 물어서 놀이를 통해 곤충의 구조를 알아보기로 했습니다. 주사위를 던져서 곤충을 그려보는 거예요.

주사위 점이 하나 나오면 곤충의 입, 두 개 나오면 더듬이, 세 개 나오면 몸통(머리, 가슴, 배), 네 개 나오면 날개, 다섯 개 나오면 겹눈과 홑눈, 여섯 개 나오면 다리를 그리기로 했습니다. 눈치 채셨듯이 주사위 점의 숫자와 곤충의 몸을 나타내는 것의 숫자가 같아요. 숫자와 구조를 연결해서 생각할 수 있도록 한 놀이입니다. 놀이해본 결과 희한한 곤충이 탄생했죠. 모양은 희한하지만, 놀이하는 동안 곤충의 생김새를 알았을 거예요.

준비한 딱따구리 둥지 사진을 보여줬습니다. 숲에서 이런 나무를 봤다면 그 숲에 사는 동물은 무엇이 있을까요?

딱따구리는 당연히 있겠죠? 그리고 먹이가 되는 애벌레, 그 애벌레의 어른벌레인 나비나 나방, 풍뎅이, 딱따구리를 잡아먹는 새…. 유진이가 재미있는 얘기를 했어요. 딱따구리 둥지를 다른 새나 동물도 이용하느냐고요. 다람쥐나 청설모도 살 거라고 했어요. 동고비라는 새는 딱따구리 둥지가 커서 진흙으로 입구를 좁혀 사용한다고 설명해주니, 곧바로 진우가 말하더군요. "그러면 그 진흙 속에 사는 벌레도 있겠네요."

이렇게 한 가지 현상에 다른 것들도 수없이 연결됩니다. 숲 생태계에서 그런 연결 고리 역할을 해주는 것이 바로 곤충이죠. 곤충은 녹색식물을 비롯해서 먹을 게 많아야 하고, 죽은 나무 같은 게 많아야 알을 낳거나 살기 좋아요. 그런 곤충을 잡아먹기 위해 다른 동물들이 나타나고요. 그래서 곤충이 많은 숲은 생태적으로 건강하다고 얘기해요.

곤충을 직접 보기 위해선 숲을 천천히 들여다봐야 하는데, 날씨가 좋지 않아 모두 숨었을 것 같아서 곤충을 유인해보기로 했어요. 준비한 바나나로 덫을 놓는 거예요. 남자아이 모둠은 땅을 파고 바나나를 넣은 페트병을 묻어서 유인하고, 여자아이 모둠은 나무에 바나나를 발라서 날아오는 곤충을 살펴보기로 했어요. 여자아이들은 바나나가 손에 묻을까 봐 비닐봉지를 이용했고, 남자아이들은 막대를 주워서 땅을 팠지요.

특별한 도구 없이 과제를 잘 수행하는 모습이 보기 좋았습니다. 나무껍질에 바나나를 바르다 보면 그 느낌을 알 수 있고, 땅을 파다 보면 나무뿌리와 지렁이가 나오고, 흙냄새도 맡아볼 수 있고, 복합적인 것들을 경험해요. 곤충을 유인하는 덫 못지않게 그런 느낌도 중요합니다. 그렇게 10여 분이 지나고, 곤충이 올 때까지 기다리면서 '곤충 이름 붙이기'를 했어요.

제가 준비한 사진을 보고, 옆에 무작위로 적힌 곤충 이름을 맞게 연결하는 놀이입니다. 대벌레, 톱사슴벌레, 거꾸로여덟팔나비, 뒤흰띠알락나방까지 다 맞혔어요. 어떻게 다 맞혔느냐고 물으니 싱거운 질문이란 식으로 답하더군요. "이름에 모양이 다 설명되었잖아요."

그렇죠, 곤충 이름은 생김새와 생태를 고려해서 알기 쉽게 붙입니다. 그래서 직접 곤충을 만들어보고, 이름도 붙여주기로 했어요. 아무 곤충이나 종이에 그리고, 두 모둠으로 나눠서 숲 속에 숨기고 찾을 테니 자연 속에서 찾기 어렵게 위장하라고 했지요. 물음표벌레, 땅쟁이, 동구리나비 등 알 수 없는 곤충들이 나왔어요. 흙과 나뭇잎, 풀잎 등으로 위장하고, 색연필로 자연과 같게 색칠해서 나름 완벽한 보호색도 만들었고요.

두 모둠으로 나눠서 곤충 그림을 숨기고, 상대 모둠의 곤충을 찾아보는 거예요. 지난해에는 색 끈을 잘라서 숨겼는데, 이번에는 직접 그려봤죠. 어쩐 일인지 여자아이 모둠은 한 마리밖에 못 찾고, 남자아이 모둠은 다섯 마리를 찾았어요.

준하는 멋지게 장수풍뎅이를 만들었는데, 나무껍질 색과 조금 달랐는지 여자아이들이 금방 발견했어요. 다빈이는 풀잎으로 위장해서 풀 속에 숨겼는데 아무도 못 찾았어요. 진우는 흙으로 위장하고 땅바닥에 두었는데, 어찌나 감쪽같은지 저도 못 찾겠더라고요. 실제로 아이들이 만든 곤충의 보호색은 모두 존재하는 보호색입니다. 모양도 그렇고요. 자연에서 살아남기 위한 곤충의 전략이 대단하죠?

얼마 전에 아는 곤충학자께서 말씀하더라고요. 수리산에 갔다가 100m를 지나면서 1000종이 넘는 곤충을 관찰했다고요. 일반인의 눈에는 보이지 않지만, 전문가는 찾아낸 거예요. 보통 눈으론 곤충이 보이지 않습니다. 그만큼 위

장을 잘하죠.

아이들이 장수하늘소를 본 적이 한 번도 없다고 했어요. 사진에서 보거나 그냥 하늘소는 봤는데, 장수하늘소를 실제로 본 사람은 아무도 없다고요. 장수하늘소는 거의 멸종됐다고 여깁니다. 왜 없어졌는지 놀이를 통해 알아볼까요?

두 모둠으로 나눠서 한 모둠은 나무꾼이나 밀렵꾼이 되고, 다른 모둠은 장수하늘소와 서어나무가 됩니다. 장수하늘소와 서어나무 두 사람이 한 조가 되어 손을 잡고, 양쪽 끝에서 '콩 주머니 던지기'나 피구와 비슷한 방법으로 이 둘을 공격해요. 장수하늘소가 콩 주머니에 맞으면 장수하늘소만 아웃, 서어나무가 맞으면 둘 다 아웃이에요. 서어나무가 혼자 남아 콩 주머니에 맞지 않고 다섯 번 버티면 죽은 장수하늘소가 살아납니다.

약간 복잡한 규칙인데도 아이들이 금방 익히고 신나게 놀더군요. 결론은 서어나무가 사라지면서 장수하늘소가 급속히 사라졌다는 겁니다. 우리 숲에서 동물이 사라지는 원인은 밀렵도 있지만, 더 큰 원인은 살 만한 환경이 아니라는 점이에요. 알 낳고 먹이를 구할 숲이 사라지기 때문이죠. 서어나무 숲이 우거지면 장수하늘소가 돌아올 겁니다. 그날을 기다리며 숲을 잘 가꾸자고 마무리했습니다.

덧글

수업에 사진이나 샘플을 들고 가는 것도 나쁘지 않지만, 현장에 있는 것을 직접 보면서 하는 게 더 좋다. 부득이한 경우 사진이나 인쇄물의 예시를 들어준다. 딱따구리 둥지 사진을 보여주는 수업은 실내에서도 가능하다. 이왕 밖에 나왔다면 밖에서 할 수 있는 것을 한다.

'곤충 덫 만들기'는 1박 2일 동안 진행하는 수업이라면 몰라도 이런 수업에서는 적합하지 않다. 덫을 놓는다고 곤충이 바로 잡히지 않기 때문이다. 혹시나 하는 기대로 해보는데 잡히지 않았다. 날씨가 흐리니 더 어려웠다. 알면서도 아이들과 곤충 수업을 하기로 해서 진행했는데, 바람직하지 않은 방법이다. 다음 달에 가보니 곤충이 잡히긴 했는데, 갇힌 상태에서 비가 오니 빠져나오지 못하고 죽었다. 곤충에게 미안했다. 수업을 마치고 철거했어야 하는데….

이번 수업에서도 곤충이라는 주제를 정해놓으니 눈에 잘 보이지 않는 곤충을 억지로 잡아서 보려고 하거나, 교구를 준비하는 결과가 나왔다. 그래서 이런 프로그램 기획이 좋지 않다는 것이다. 자연스럽게 만나는 대상과 교감하고, 그것에 대한 이야기를 나누는 수업이 바람직하다.

하지만 출발하면서 곤충에 관심을 기울이도록 퀴즈를 낸 것, 곤충의 구조를 이해하기 쉽게 주사위 점의 숫자와 연결해서 해본 놀이, 곤충 이름이 생각보다 쉽게 만들어진 것임을 전달하는 방식은 좋다.

2008년 8월

오전까지 비가 와서 조금 걱정했는데, 다행히 날이 개서 무리 없이 수업을 했습니다. 준호 빼고 다 와서 올 들어 가장 많은 인원이 숲에서 놀았네요. 저까지 18명이었죠.

첫 번째 놀이는 '나무와 비바람'이에요. 여름에는 비가 많이 내리고 태풍도 와요. 그런 다음 숲에 가면 꼭 쓰러진 나무가 있어요. 아까시나무가 대부분이죠. 왜 그런지 놀이를 통해서 알아보는 거예요. 간단합니다. 옆으로 한 줄이 되게 서고, 비바람 역할을 맡은 친구가 한 사람씩 손바닥으로 치면서 지나가요. 처음에는 잘 안 넘어가죠. 그다음엔 한 줄로 선 친구들이 한쪽 발을 들어요. 그 경우 한쪽 발을 든 친구들은 대개 넘어집니다.

죽거나 병든 나무가 아닌데 비바람에 쓰러졌다면 뿌리가 약하기 때문이에요. 뿌리가 얕게 뻗어 쓰러지기 쉽죠. 아까시나무가 대표적입니다. 이깔나무도 뿌리가 깊지 않다고 하더군요.

두 번째는 '무엇을 그린 걸까' 놀이를 했어요. 먼저 구멍 난 나뭇잎을 하나

씩 찾아요. 왜 구멍이 났는지 묻고, 그 잎을 돋보기 삼아 숲 주변을 관찰한 다음, 마음에 드는 것을 한 가지씩 그리기로 했습니다. 최강격투기 모둠의 그림은 대부분 맞혔어요. 반대로 대한민국 모둠의 그림은 잘 못 맞혔지요.

"자벌레?"

"아냐, 이건 그냥 나뭇가지야."

평상시라면 지나쳤을 모습이지만, 작은 구멍으로 좀더 자세히 볼 수 있었을 거예요. 어릴 적 창호지를 바른 문에 난 구멍으로 바라보던 바깥 풍경이 평상시와 달랐어요. 새롭게 바라보는 방법을 알려주고 싶었는데, 아이들에게 잘 전달됐는지 모르겠습니다.

세 번째는 '말 카드 놀이'입니다. 형용사가 적힌 말 카드를 아이들에게 나눠주고, 그 말에 해당하는 자연물을 찾아오게 했지요. '말랑말랑하다' '부드럽다' '길다' '무겁다' 같은 말이에요. 자기가 찾아온 것과 반대되는 느낌의 카드가 누구 것인지 맞히기를 했는데, 생각보다 잘 찾았어요. 신기하게도 아이들이 찾아온 건 대부분 나뭇가지였죠. 카드 내용이 다른데 찾아온 건 비슷했어요.

한 가지 사물도 다양한 시각으로 볼 수 있습니다. 어떤 것은 어떻다고 한 가지 방식으로 이해할 게 아니라, 이런 점도 있고 저런 점도 있다고 다양한 관점으로 바라보고 해석할 수 있지요. 그런 과정을 통해 언어와 생각의 다양성을 알았으리라고 생각합니다.

지루해하는 아이들과 말 카드 놀이를 한 번 더하자는 아이들로 나뉘었어

요. 간식을 먹으면서 좀더 생각해보기로 했지요. 인절미를 먹다 보니 옆쪽에 쓰러진 나무가 보이더라고요. 아이들이 하나둘 올라가서 놀았어요.

준비한 놀이를 포기하고, '외나무다리 건너기'를 했습니다. 이 끝에서 저 끝까지 건너갔어요. 간단한 놀이지만 숲에서 그렇게 긴 외나무다리를 만나기는 쉽지 않아요. 10m쯤 되어 보이는 나무였거든요. 중심을 잃지 않고 건너려면 균형 감각과 집중력이 필요하죠. 처음에는 많이 성공하지 못했지만, 뒤로 갈수록 조금씩 더 멀리 가거나 성공적으로 건넌 아이들이 늘었어요.

유진이와 다빈이는 세 번 모두 성공했죠. 유진이는 원래 잘하지만 다빈이는 기대하지 않았거든요. 칭찬해줬습니다. 진우는 항상 모범적이라서 애어른 같다는 생각을 많이 했는데, 다른 모둠 건널 때 방해 공작을 펴는 모습을 보고 천생 어린아이라는 느낌이 들어서 반가웠습니다. 호정이는 놀이를 거듭할수록 조금씩 멀리 가더니 마지막에는 성공했지요. 성공하고 나서 뿌듯한 표정을 짓던 모습이 아직도 생각나네요. 모두 집중하는 모습이 예뻤고, 노력해서 뭔가 성공했다는 뿌듯함과 성취감을 맛본 것 같아 좋았어요.

그 나무는 뿌리가 약한 게 아니라 줄기가 부러져서 쓰러졌어요. 병이 들었든, 하늘소가 파고 들어갔든 나중에 버섯 같은 친구들이 나무를 더 빨리 썩게 만들어서 비바람이 불 때 부러졌을 거예요. 마침 부러진 자리에는 버섯도 있었어요. 버섯은 나무를 썩게 해서 나쁜 것 같지만 그렇지 않아요. 버섯이나 공벌레, 지렁이가 없다면 숲은 쓰레기와 사체로 뒤덮일 거예요. 분해자라고 부

르는 친구들이 있어서 숲이 숲다운 모습을 유지할 수 있지요.

"오늘 신나게 외나무다리 건너기를 한 건 버섯이 있기 때문이야. 버섯에게 고마워해야겠지?" 하니, "나무가 없었으면 못 놀았으니까 나무에게도 고마워해야죠" 하더군요. 썩은 나무 주변에서 곤충을 관찰하고, 둘러앉아 도란도란 이야기하며 수업을 마무리했습니다.

준비한 놀이를 몇 가지 못 했지만, 외나무다리 건너기 할 때 아이들이 가장 즐거워했고, 나름 가치 있는 시간이었다고 생각해요. 늘 그렇지만 준비한 놀이대로 하긴 어렵죠. 그리고 현장에서 그때그때 상황에 따라 놀아보는 게 더 좋아요. 자연물과 함께 자연에서 노는 것이 중요하니까요.

시간이 지났는데도 아이들의 변화가 좀 더딘 듯합니다. 저에게도 원인이 있나 봐요. 다음부터는 수업 내용이나 진행 방식을 조금씩 바꿔보려고 합니다. 9월의 숲에서 뵙지요.

덧글

여느 때와 다름없이 준비한 프로그램을 진행했다. 하지만 준비한 놀이를 포기하고 아이들이 외나무다리 건너기를 하도록 시간을 준 게 중요하다. 이때가 지금처럼 자연스런 수업을 한 계기가 된 듯하다. '내가 준비한 것보다 아이들이 스스로 찾아낸 것에서 자연스럽게 놀 때 좋아하는구나. 아이들이 좋아하라고 하는 활동인데 아이들이 행복해야지' 생각한 시점이 아닌가 싶다.

마지막 부분은 아이들의 변화가 잘 느껴지지 않아서 한 말 같은데, 이때도 숲놀이가 아이들을 많이 바꿀 거라고 생각한 모양이다. 10년이 흐른 지금 생각하면 숲이 아이들을 바꾸지는 않는다고 본다. 숲은 아이들에게 감성을 키워주는데, 그것은 차츰차츰 나타나고 결국 성인이 되었을 때 잘 표현된다. 상대를 배려하는 자세, 협동심 등은 숲 놀이보다 친구들과 하는 공동체 놀이를 통해 배우는 모양이다. 내가 진행하는 프로그램이 그런 것을 키우는 데 큰 도움을 준 것 같지 않다. 그러니 아이들의 변화가 더딜 수밖에.

한 달에 한 번 만나면서 아이들이 빨리 달라졌으면 하는 조급함이 있었다. 지금은 그런 생각으로 수업하지 않는다. 그저 아이들이 지금 이 순간 행복하기를 바라며 숲으로 간다.

2008년 9월

가을이 왔네요. 서늘해졌어요. 열두 명이 모여서 여섯 명씩 두 모둠으로 진행했습니다. '앉았다 일어났다'로 모둠을 나눴는데, 남자와 여자 모둠으로 나뉘었어요.

처음에는 '뱀눈으로 보기' 혹은 '하늘 거울'이라고 부르는 놀이를 했습니다. 아이들이 안 해봤을 듯하고, 가을 하늘도 보려고요. 거울을 하늘로 향하게 콧등에 댄 채로 거울을 보고 걸으면 꽤 환상적인 체험을 할 수 있죠.

사람은 눈이 앞쪽에 있어 앞이나 아래를 바라보면서 걷지만, 뱀은 눈이 약간 위쪽에 있지요. 우리와 다른 풍경을 볼 거예요. 실제로는 열 감지 기관을 통해 보니까 우리와 전혀 다르지만, 눈의 위치나 구조에 따라 세상을 좀 다르게 볼 수 있다는 걸 알려주는 놀이입니다.

잠시 후 자유롭게 놀면서 뱀눈으로 보기가 아니라 아이들 맘껏 보더라고요. 거울 위치를 바꾸기도 하고, 누워서도 보고요. 의도한 건 아니지만 아이들이 다양하게 세상을 바라보는 모습에 '저렇게 봐도 되는구나' 하고 배웁니다.

두 번째 놀이는 '곤충은 왜 작아졌을까?'예요. 크기가 다른 나무집게를 한쪽에 두고, 두 모둠이 순번을 정해서 큰 쇠 집게로 작은 나무집게를 한 개씩 집어 가져오는 릴레이입니다.

놀이 결과 남자 모둠이 이겼지만, 그보다 두 모둠이 세 가지 나무집게 중 가장 큰 집게를 가져온 것이 중요해요. 눈에 잘 띄기도 하고, 집기도 편해서 큰 걸 가져왔겠죠. 나무집게가 곤충이고, 쇠 집게가 새라면 어떤 곤충이 유리할까요? 포식자 눈에 띄지 않기 위해 작은 게 좋겠죠? 보호색도 그중 한 가지 기능을 하고요. 몸이 작아진 것도 그 때문입니다. 곤충뿐만 아니라 대다수 생물은 자신을 보호하기 위해서 진화해요.

세 번째는 '나무와 대화' 놀이를 했어요. 숲 속에서 가장 큰 귀룽나무에게 궁금한 게 있으면 뭐든 물어보라고 하니, 아이들이 조금 재미없는 듯 말했어요. "물어보면 나무가 대답하나요?" "나무가 말을 못 하는데 이걸 왜 해요?" "이렇게 한 다음엔 뭐 할 건데요?" 어른들이랑 하면 참 재밌는 프로그램인데, 아이들에겐 안 맞나 봐요.

각자 물어볼 말을 쪽지에 적어서 나무에 두른 줄에 꽂아두고, 다른 놀이를 하다가 자기 쪽지 말고 다른 사람 쪽지의 질문에 답해보는 거예요. 자신이 나무가 된 듯 잠시 고민해보고, 나무라면 뭐라고 답할지 생각해서 적은 다음 제자리에 꽂아둬요. 그리고 다른 놀이를 하죠. 집에 돌아가기 전에 자기 쪽지를 찾아갑니다. 친구들이 적어줬지만 정말 현명한 답도 있어요.

넌 몇 살이니? → 난 백 살이야.

별 모양은 어떻게 생겼어? → 동그라미 모양. 근데 너 글씨 좀 잘 써라.

옆에 있는 나무들이랑 왜 같이 있어? → 우린 쌍둥이니까.

나름 여러 가지를 의도해서 진행했는데, 내려오면서 물어보니 아이들은 재미없었대요. 어른들은 엄청 감동하던데⋯. 아이와 어른은 좀 다른가 봐요.

점심을 먹고 나서 '다른 나무 찾기'를 했습니다. 제가 준비한 색깔 카드를 이용해서 나무를 구분해보는 놀이예요. 모둠의 순번을 정하고, 남자 모둠 1번이 나무 한 그루에 색깔 카드를 걸어요. 그러면 여자 모둠 1번은 그 나무와 다른 나무를 찾아서 다른 색 카드를 걸고요. 물론 2번은 또 다른 나무를 찾아서 색깔 카드를 걸어야지요.

다른 나무인 걸 알아내려면 이름보다 나무껍질 모양, 나뭇잎 모양 등을 주의 깊게 봐야 해요. 내 나무뿐만 아니라 다른 친구들이 걸어준 나무를 모두 관찰해야 내 차례가 됐을 때 다른 나무를 고를 수 있거든요. 그렇게 아이들이 가진 카드를 모두 걸었습니다. 그 숲에는 나무가 적어도 12종 있다는 얘기지요. 평상시 별생각 없이 지나치던 공간에 나무가 12종 이상 있다는 건 놀라운 일이에요.

우리 주변에서도 자주 볼 수 있는 광경입니다. 이건 나무, 이건 풀로 구분하는 분도 많죠? 다른 부분을 찾아보려고 접근하면 구분할 수 있습니다.

다섯 번째는 '나뭇잎 도감 만들기'를 했어요. 네 번째 놀이를 바탕으로 각자 준비한 재료로 작은 책을 만들고, 나뭇잎을 채집해서 도감에 붙였어요. 이름은 나중에 알려줄 테니, 나뭇잎을 자세히 보라고 했습니다. 아이들은 크기, 모양, 특징 등을 관찰한 대로 옆에 적었어요.

어른이 되어 어떤 일을 하든 관찰력, 기억력, 창의력, 자료 정리 능력 등은 유용합니다. 어린 시절 그런 일을 몇 번 경험해보는 것만으로도 나중에 큰 도움이 될 거예요. 도감 만들기는 그런 의미에서 좋은 수업이라고 생각해요. 나만의 도감을 만들어보는 것은 어린 시절에 할 수 있는 생태 수업의 백미가 아닐까요. 시간이 있으면 하루 종일 도감 만들기만 하고 싶습니다.

물푸레나무, 버드나무, 신나무, 층층나무, 밤나무, 당단풍나무, 산뽕나무, 벚나무, 물오리나무, 보리수나무, 쥐똥나무, 화살나무, 귀룽나무, 줄딸기, 찔레나무, 전나무, 소나무. 헤아려본 나무가 17종이나 되네요. 생각보다 아이들이 잘 따라주고 재밌어하더라고요. 다소 지루할 수도 있는 시간인데, 모두 집중해서 잘했어요.

아! 다빈이가 중간에 똥을 누고 왔네요. 희람이가 그 말을 듣고 자기도 갑자기 똥이 마렵다고 해서 조금만 참으라고 했어요. 내려갈 때가 다 됐거든요. 다빈이는 자기가 눈 똥을 관찰하고 와서 "파리들이 맛나게 먹고 있어요" 하더라고요. 다른 애들이 "으~ 더러워" 했고요.

"파리가 더러울까, 똥이 더러울까, 똥을 분해하지 못하고 싸놓기만 하는 사람이 더러울까?"

파리는 고마운 존재예요. 바퀴벌레와 공벌레, 지렁이… 평상시 혐오스러워하는 곤충이 우리가 처리하지 못해서 버린 것을 먹어서 분해하는 고마운 존재입니다. 다빈이의 똥으로 그런 친구들에 대해 다시 생각해보는 계기가 되었어요. 세상에 필요하지 않은 건 없지요. 가을날 즐거운 한때를 보냈네요. 모처럼 2시가 되도록 놀았어요.

덧글

준비된 프로그램으로 진행하는 것은 마찬가지지만, 그나마 좀 다른 방식으로 수업을 한다. '뱀눈으로 보기'처럼 다른 눈으로 세상을 보게 하고, '나무와 대화'를 통해 나무와 가까워지려고 하고, '나뭇잎 도감 만들기'를 통해 관찰력이나 집중력을 길러준다. 아이들은 동적인 놀이를 좋아하고, 정적인 놀이를 지루해한다. 하지만 정적인 놀이라고 다 지루해하진 않는다. 나무와 대화는 좀 어려워했지만, 나뭇잎 도감 만들기는 적극적으로 참여했다.

물론 이것 역시 모든 아이들에게 나타나는 모습은 아니다. 현장에 나가서 아이들을 만나보면 모두 다르다. 열 명이 참가하면 성향이 같은 다섯 명을 두 모둠으로 나눌 수 있는 게 아니고, 열 명이 저마다 성격에 따라 다른 행동을 한다. 아이들은 한마디로 규정하기 어렵다. 애어른 같은 아이도 있고, 유치원생 같은 아이도 있다. 이것저것 해본 다음 아이들이 관심을 보이는 것을 하는 게 좋다. 그래서 먼저 준비한 걸 꺼내기보다 아이들이 관심을 보이고 질문하는 것에 대답하듯이 설명하는 게 낫다.

2008년 10월

 날이 갑자기 추워졌죠? 숲에 들어가면 더 춥지 않을까 걱정이 되었지만, 몸 쓰는 놀이를 해서 그나마 나았어요.

첫 번째는 준비운동 삼아 '나무 심기' 놀이를 했습니다. 아이들을 둘로 나눠서 한쪽은 서 있고, 나머지는 앉아요. 나무를 베는 사람과 심는 사람을 한 명씩 뽑아 베는 사람은 서 있는 사람을 앉히고, 심는 사람은 앉아 있는 사람을 세우죠.

인간과 나무의 관계를 생각해보는 놀이예요. 인간이 나무를 단지 보호하는 게 아니라, 오랜 시간 같이 살아가야 한다고 생각해요. 인간이 살아가는 데 나무를 베지 않을 수 없어요. 베는 행위 자체가 나쁘진 않습니다. 베었다면 새로 심어야지요. 어떤 분들은 동식물을 잡거나 베는 행위를 경계하지만, 저는 그런 사고가 생태적이지 않다고 봐요. 생태는 같이 사는 것이니까요.

앉았다 일어났다 하면서 운동이 좀 됐을 거예요. 아이들도 이제 춥지 않다고 해서 숲으로 들어갔습니다.

낙엽이 많아서 두 번째 놀이는 '나뭇잎 구별하기'를 했어요. 이런 놀이는 생태 수업에서 자주 하죠. 그만큼 필요한 수업이에요. 놀이는 간단합니다. 두 모둠(이번에도 아이들은 남자와 여자로 나누더군요)이 제가 준 흰 보자기에 모둠별로 나뭇잎을 모아보는 거예요. 이때 겹치지 않게 한 장씩 여러 종류를 모아야 해요. 남자아이 모둠은 13종을, 여자아이 모둠은 9종을 모아서 남자 모둠이 이겼습니다.

2차전으로 들어갔어요. 이번엔 각자 모은 나뭇잎의 짝을 찾아보는 놀이예요. 같은 장소에서 주웠으니 많은 나뭇잎이 겹치겠죠? 한 명씩 상대 모둠의 보자기에서 자기 모둠의 나뭇잎과 같은 걸 한 개 가져오는 식으로 진행합니다. 이 놀이는 무승부였어요. 겹치는 걸 한 개도 못 찾았거든요. 다시 한 번 하니까 남자아이 모둠이 두 종류, 여자아이 모둠이 한 종류를 찾았어요. 결국 이 놀이는 남자 모둠의 승리로 돌아갔습니다.

놀이에 이기기 위해선 나뭇잎을 잘 관찰해야 해요. 준비하고 진행하는 동안 아이들이 진지하게 나뭇잎의 다른 점을 구별했어요. 이름을 길게 설명하는 것보다 이런 놀이가 나뭇잎을 잘 구별하는 데 도움이 되고, 관심이 더 생길 거라고 생각합니다.

세 번째는 조금은 독특한 '야생동물의 몸무게 재기'를 했어요. 실제로 잡아서 잴 순 없지요. "혹시 다람쥐가 얼마나 무거운지 아니?" 하고 물으니, 틀린 답을 여러 번 말하다가 결국 정답(100g)을 맞히더군요. 다람쥐는 종종 보지만,

몸무게가 어느 정도인지 잘 모르죠. 그 무게의 느낌도 잘 몰라요. 각자 숲에서 100g쯤 될 것 같은 사물을 찾아오라고 했어요. 저는 집에서 저울로 잰 100g짜리 줄자를 준비했죠. "숲에서 저울이 없을 땐 어떻게 만들 수 있을까?" 하고 물으니, 진우가 시소의 원리를 이야기했어요. 제가 하려던 거예요.

막대기를 하나 주워서 중간쯤에 끈을 묶고, 그걸 나무에 매달아서 저울을 만들었어요. 저울의 양쪽 끝에 주머니를 달고, 그 주머니에 100g짜리 줄자를 넣어요. 다른 한쪽에 아이들이 가져온 자연물을 넣어서 100g이 되는지 알아보는 놀이입니다. 아홉 명이 두세 번 실패한 끝에 100g짜리 자연물을 찾았어요.

바로 그 자연물이 다람쥐의 몸무게라고, 한번 느껴보라고 했지요. 마지막에는 "1kg은 어떻게 만들면 좋을까?" 물었어요. 합치면 된다고 하더라고요. 제가 준비한 것과 아이들이 찾은 것을 합쳐서 각자 1kg의 무게감을 느껴봤죠. 필요한 도구가 없을 때 어떤 것으로 대체하면 좋을지 고민하고, 문제 해결 능력과 창의성, 저울의 원리, 무게에 대한 개념, 야생동물의 몸무게 느껴보기 등 다양한 것을 의도해서 진행한 놀이입니다.

잠깐 점심을 먹었어요. 추울 땐 오랜 시간 푸짐하게 먹는 것보다 짧고 간단히 요기하는 게 좋아요. 15분 동안 먹고, 바로 네 번째 놀이를 했지요.

네 번째는 '도꼬마리의 여행'입니다. 도꼬마리는 없지만, 제 옷에 짚신나물 열매가 몇 개 붙어서 루페로 돌아가며 관찰했어요. "끝에 털 같은 게 달렸어요" 하며 신기해하기에, "도꼬마리나 짚신나물이나 도깨비바늘은 왜 갈고리

가 있을까?" 물었어요. 동물의 몸에 붙어서 이동하려고 한다고 답하더군요. 그럼 왜 몸에 붙어서 이동하느냐고 물으니 멀리 가려고 그런대요. 이번에는 "씨앗은 왜 그렇게 멀리 가려고 할까?" 물었죠. 엄마 그늘에서 벗어나려고 한다, 가까이 있으면 양분을 제대로 섭취하기 어렵다 등등 의견을 냈어요. 제가 산불이 나거나 병충해가 생기면 다 같이 죽는다는 이야기도 전해주며 잠깐 토론을 했어요.

이어서 놀이도 했지요. 모둠별로 도꼬마리가 될 친구를 한 명 뽑아요. 나머지 모둠 구성원은 너구리나 멧돼지 같은 동물이 되고요. 마침 희람이가 낙엽을 동그랗게 모아둔 지점이 있어서 거기를 반환점으로 돌아오는 놀이를 했습니다. 동물이 된 아이는 도꼬마리를 업고 갔다 와서 다음 친구에게 도꼬마리를 배턴처럼 이어서 업고 가는 거예요. 그렇게 어느 모둠이 도꼬마리를 떨어뜨리지 않고(도꼬마리는 딱 붙어서 떨어지지 않으려고 하면서) 멀리 데려갈 수 있는지 알아보는 놀이입니다.

낙엽이 떨어진 숲 속에서 친구를 업고 신나게 달리고, 넘어지고, 웃는 아이들이 보기 좋았습니다. 도꼬마리의 전략을 알고 친구와 스킨십 하는 것은 의도했지만, 낙엽 위에 뒹구는 것은 의도하지 않았는데 자연스럽게 됐어요. 민서가 가벼워서 그런지 여자아이 모둠이 두 번 다 이겼어요. 현제가 진우를 업고 가야 하는데 의외로 잘 못 업더라고요. 두 번 다 져서 그런지 희람이가 "선생님, 이거 말고 그냥 손잡고 가는 놀이 하면 안 될까요?" 하더라고요.

　다음 놀이는 그걸 하려고 했는데…. 바로 다섯 번째 놀이로 넘어갔습니다. '씨앗 보디가드'라는 놀이예요. 세 명이 한 조가 되어 발목을 묶어요. 가운데 있는 사람은 씨앗이 되고, 양옆 사람은 과육이 되지요. 열매는 대부분 씨앗을 둘러싸는 과육이 있어요. 신기한 건 과육이 씨앗을 멀리 보내려는 전략 가운데 하나라는 점이에요. 동물이 와서 덥석 먹었을 때 과육이 깨지면서 안에 있는 씨앗이 상처 날 수 있잖아요. 그래서 상처 나지 말라고 미끌미끌하게 해서 이빨에 씹히지 않고 뱃속으로 가게 해주죠. 사과 같은 과일은 씨앗을 둘러싼 지점은 맛이 없거나 딱딱해서 잘 안 먹고 버려요. 그렇게 열매들은 씨앗을 보호하기 위해 과육을 만든답니다.

　발목을 묶어주고 "너희는 한 열매야"라고 하니, "그럼 가운데가 씨앗이겠네요?"라고 알아서 답하더라고요. 아이들이 센스가 있지요?

　여자아이 모둠이 할 때 양옆에서 남자아이들이 동물의 이빨이 되어 콩 주머니를 던져 씨앗을 맞히는 놀이예요. 양옆의 과육이 보호해주면서 목적지까지 가죠. 얼마 못 가서 씨앗이 맞았어요. 남자아이 모둠도 조금 뒤 탈락했어요. 그런 과정에서 서로 도와야 한다는 사실을 잘 알았을 거라고 생각합니다. 지난달에 이어 아이들이 신나게 놀아서 기분이 좋아요. 가을은 낙엽과 열매의 계절이라 관련된 놀이를 해보았습니다.

덧글

　여전히 기획된 놀이를 진행했다. 그래도 활동적인 놀이를 해서 아이들이 신나게 즐겼다. 숲에서 아이들은 즐거워야 한다. 자연에 대해 모르던 것을 알고 거기에 담긴 철학적 의미도 알아서 좋았지만, 더 중요한 것은 아이들이 신나게 놀았다는 점이다.

　그 원인이 어디 있는지 알아야 한다. 도꼬마리와 동물의 관계를 알아서 재밌는 게 아니라, 친구를 업고 가는 행위 자체가 재밌고 떨어져서 낙엽에 뒹굴어 재밌는 것이다. 씨앗과 과육이 되어 즐거운 게 아니라, 콩 주머니 던지기 놀이를 하면서 주머니를 피하려다 친구랑 부딪히고 넘어져서 즐거운 것이다. 내가 만든 프로그램에서 의도치 않게 몸을 쓰고, 자연을 느꼈기 때문이다.

　숲 선생님들은 이런 사실을 알아야 한다. 자신이 밤새 고민하고 책을 봐서 생각해낸 놀이가 그 자체로 좋은 게 아니라, 그 놀이를 할 때 자연과 만나고 친구들과 부대껴서 즐거운 것이다. 프로그램은 그런 부분에 맞춰서 기획해야 한다.

2008년 11월

날이 좀 추웠지요? 그래도 서서히 풀려서 다행입니다. 특별한 준비물 없이 숲에서 놀기로 해서 저도 편안하게 왔어요.

몸도 풀 겸 활동성 있는 '태풍이다' 놀이부터 했어요. 태풍이 와서 나무가 쓰러지고, 표시해둔 다섯 그루가 살아남았다는 설정이에요. 계절과 맞지 않지만 아이들이 몸을 풀고 나무와 친해지라고 해보았습니다. 제가 "태풍이다!" 하면 바람에 날아가지 않으려고 나무를 붙들어야 해요. 모두 한 나무에 붙으면 나무도 힘들 테니, 한 나무에 세 명씩 가기로 했어요. 아이들이 열일곱 명이니까 다섯 그루에 세 명씩 가고, 남는 두 명이 나뭇잎 이불 덮기 벌칙을 받는 겁니다.

차례로 나무의 숫자를 줄여가면서 마지막에는 두 그루만 살아남았다고 하고, 아홉 명씩 가게 했어요. 한 쪽은 여덟 명이니 인원이 부족해서 걸리죠. 단체로 나뭇잎 이불 덮기를 했어요. 그렇게 두 모둠으로 나눴습니다. 나무를 껴안으면서 나무껍질의 촉감을 느껴보고, 추운 날 활동성도 주고, 걸리면 낙엽

도 덮을 수 있고, 자연스럽게 모둠을 나눌 수 있는 놀이예요.

귀룽나무가 있는 곳으로 이동했어요. 아이들은 여기만 오면 바닥에 있는 나무를 들고 놀아요. 주변에 나무가 많은 지역이기 때문이겠죠. 이왕이면 주변 상황과 자연물을 이용하는 게 자연스럽지 않을까 싶어 나뭇가지 놀이를 했어요. 모둠별로 나뭇가지를 주워 오라고 했지요.

모둠 구성원들이 가져온 나뭇가지 중에 가장 키가 큰 나뭇가지를 다른 사람의 나뭇가지를 이용해서 똑바로 세워보라고 과제를 주었어요. "땅을 파거나 큰 돌멩이를 가져와서 세우지 말고, 각각 들고 있는 나무를 이용해보자." 모둠 구성원끼리 이런저런 상의를 하더군요. 호정이 모둠이 먼저 나무를 세웠어요. 각자 가져온 나무를 바닥에 놓고 엮듯이 쌓아서 그 사이에 키 큰 나뭇가지를 끼웠죠. 지석이 모둠도 비슷한 방법으로 쌓았어요. 두 모둠 다 성공했답니다.

다음엔 모둠별로 번호를 정하고, 해당 번호의 아이가 나와서 쌓아놓은 나뭇가지 중에 하나를 빼내는 놀이를 했어요. 상대방 모둠 걸 빼낼까 하다가, 지나치게 경쟁적일 듯해서 자기 모둠이 세운 것을 빼내라고 했죠. 전통 놀이 중 '산가지 놀이'와 같은 방법입니다. 조심조심 빼내는 아이들의 신중한 표정이 보기 좋더라고요. 어른이나 아이나 집중하는 모습은 아름다워요.

뿌리의 기능에 대해서 얘기하려고 해본 놀이입니다. 나무가 제대로 서게 해주는 것은 튼튼한 줄기지만, 그 전에 줄기를 받치는 건 뿌리거든요. 눈에 보이지 않지만 뿌리는 땅속에서 나무가 제대로 서게 해주고, 물과 양분을 빨아들여

서 가지와 잎에 보내주기도 해요. 고마운 뿌리에 대해서 알아보는 놀이예요.

나뭇가지를 주운 김에 다른 놀이도 했습니다. 아이들이 '외나무다리 건너기'를 하던 나무를 이용해서 '어디쯤 온 걸까?'라는 청각 체험 놀이를 했어요. 통나무의 한 지점에 종이테이프를 붙이고, 나뭇가지로 두드려서 그 지점에 도착하면 "멈춰"라고 하죠. 맨 앞에 있던 성은이가 먼저 했어요. 성은이가 눈을 감고 집중하면 뒤에 있던 친구가 막대기로 통나무를 두드리면서 점점 표시 지점까지 와요. 그때 "멈춰" 하는 거예요.

누가 더 가까이 가는가 하는 놀이입니다. 지석이가 정확하게 그 지점에서 "멈춰"라고 했고, 다른 친구들도 비슷하게 지점을 찾아냈어요. 저도 해봤는데 표시한 지점에서 5cm 정도 못미처 멈췄어요. 이 놀이를 할 때는 아이들 줄이 길고, 모두 하는 거라서 솔이가 저를 도왔어요.

아이들이 차례로 "멈춰"라고 한 지점에 종이테이프를 붙이고, 각자 이름을 적었지요. 솔이가 하고 싶어 해서 그러라고 했어요. 놀이를 마치고 나무에 붙은 테이프를 떼고 통나무를 옆으로 옮기는데 희람이가 도와줬습니다.

"선생님, 나무가 가벼워요."

"내가 들어줘서 그렇지 않을까?"

"아니요, 둘이 들어서 그래요."

언뜻 같은 내용처럼 들려도 왠지 희람이의 대답이 맞는 것 같아요. 희람이 식 대화법이죠? 시간이 지나면서 아이들이 의젓해지고, 조금씩 자라는 것을

느낍니다.

다음에는 모두 매가 되어 '돌팔매 놀이'를 했어요. 매는 시력이 아주 좋다고 하죠. 하늘 높이 떠서도 사냥감을 찾아 재빨리 낚아채요. 매가 된 기분으로 사냥을 해보기로 했어요. 큰 돌 위에 좀 작은 돌, 그 위에 아주 작은 돌을 올려 먹잇감이라고 하고, 돌멩이를 던져서 맞히는 놀이예요. 가장 큰 돌은 10점, 중간은 50점, 가장 작은 건 100점을 줬어요.

돌팔매에선 현제가 돋보였습니다. 세 번 다 명중했고, 100점과 50점, 10점을 차례로 맞혔어요. 10점을 맞힌 친구들은 열 명이 넘었고, 100점은 현제 한 명, 50점은 성진이도 있었네요. 작은 돌일수록 맞히기 어렵죠.

작은 새들도 그런 작전을 써요. 포식자를 피해 빨리 도망치고, 여기저기 숨기 쉬워요. 작은 것 나름대로 사는 방식이 있죠. 제가 키가 작아서 그런지 작은 것의 생존 전략을 아이들에게 많이 알려주고 싶어요.

숲에는 나뭇가지와 낙엽, 돌멩이가 많으니 그것을 충분히 활용하면 좋아요. 그런데 그런 놀이는 많지 않죠. 저를 포함해서 숲해설가들이 힘들어하는 부분 중 하나가 아이들은 나뭇가지로 칼싸움하고, 돌멩이를 던지고 노는 걸 좋아한다는 점이에요. 수업은 교육적인 내용을 진행하기 때문에 그런 놀이를 못 하게 해요. 그나마 놀이로 변형해서 진행하려고 하지만, 칼싸움이나 돌팔매와 관련된 놀이는 진행하는 걸 못 봤어요. 그래서 가급적 그런 놀이를 해보려고 고민했는데, 이번에 몇 가지 할 수 있어서 다행이에요.

새 이야기를 한 김에 마지막으로 '뻐꾸기 알을 찾아라'를 했어요. 뻐꾸기의 '탁란'에 대한 놀이예요. 준하와 현제는 탁란에 대해서 잘 알더라고요. 그래도 나머지 친구들은 잘 모르니까 알아보기로 했어요. 두 모둠이 각자 둥지를 만들고, 엄마 새를 정해요. 엄마 새는 모둠 구성원들이 가져온 자연물을 마치 알을 낳는 것처럼 한 개씩 받아두죠. 둥지 안에 자연물을 넣어둔 상태로 한 모둠에서 뻐꾸기 엄마 새로 뽑힌 친구가 자기 알을 하나 가져와서 다른 모둠, 즉 붉은머리오목눈이 둥지에 알을 넣어요. 알을 넣으면서 그쪽 알을 하나 버리고요.

실제로 뻐꾸기가 그렇게 하거든요. 붉은머리오목눈이 엄마 새가 잠깐 둥지를 비운 사이, 얼른 알을 놓고 가죠. 붉은머리오목눈이 모둠에서 엄마 새로 뽑힌 성은이가 눈을 감고 30까지 셀 동안 뻐꾸기 엄마 새 유진이가 알을 넣어두고 가요. 성은이는 그 알이 어느 것인지 맞혀야 해요.

맞히지 못하면 그 둥지는 뻐꾸기 둥지가 됩니다. 실제로 뻐꾸기 알은 붉은머리오목눈이 알보다 먼저 부화해서 다른 알을 모두 둥지 밖으로 떨어뜨려요. 혼자 살아남은 뻐꾸기는 붉은머리오목눈이 엄마 새가 물어다주는 먹이를 먹고 자라지요. 이것이 탁란이에요.

붉은머리오목눈이 엄마 새가 발견하면 탁란은 성공하지 못해요. 그래서 탁란은 성공률이 30% 정도라고 합니다. 100% 성공하면 붉은머리오목눈이는 사라지겠죠? 자연의 이치가 신기해요. 놀이를 통해 관찰력과 기억력을 자극하고, 자연의 생태도 다시 한 번 생각하며 수업을 마쳤습니다.

덧글

자연물을 이용한 놀이를 주로 하려고 마음먹고 간 날이다. 별다른 교구 없이 현장에서 주운 나뭇가지와 돌멩이 등으로 수업을 진행했다. 취지는 아주 좋다. 놀이하는 곳이 숲이면 숲 놀이를 하고, 강이면 강 놀이를 하고, 바다면 바다 놀이를 하는 것이 자연스럽다. 숲에 모였으니 숲에서 볼 수 있는 것으로 수업을 하는 것이 맞다. 이날은 교구에서 벗어나 자연물로 놀이하려는 생각을 한 계기가 되었다. 그러다 보니 각 놀이의 연계성이 떨어지고, 여전히 강사의 생각 위주로 놀이가 흘러간 것이 문제다.

기획 놀이를 하려면 프로그램이 서로 연계되어 주제에 맞게 흘러가는 것이 좋다. 그렇지 않으면 과감히 기획 놀이를 포기하고 아이들이 자연을 마음껏 느낄 수 있게 자율 놀이를 하는 것이 바람직하다.

처음에 계절에 맞지 않는 놀이를 한 것은 아쉽다. 하지만 나무와 스킨십 하는 기회를 주고, 나뭇잎 이불 덮기 벌칙으로 자연과 가까워지게 한 의도는 좋다.

'어디쯤 온 걸까?'는 음악 놀이다. 악기가 어떻게 탄생했는지, 음악이 어떻게 발전했는지 이야기하는 데 도움이 된다. 이때는 그냥 소리 내고 듣기 놀이만 했다.

'돌팔매 놀이'는 다소 위험할 수 있으나, 주의를 주면 괜찮다. 힘껏 던지게 하려는 맘이 있었지만, 거리가 멀지 않아 정확히 던지기 놀이가 되었다. 작은 생명체에 대한 이야기를 하며 생물의 다양성을 언급하고 싶었다. 자연 교육을 하며 아이들에게 전달하고 싶은 메시지 가운데 다양성이 중요하다고 생각한다. 다양성을 인식해서 이후 아이들도 다양하게 살도록 하기 위함이다. 여러 가지 숲 놀이가 다양성을 언급하는 것도 이 때문이다.

이야기 둘

깨닫기
시작하다

2009~2010

　이제 막 숲 해설을 시작하는 분들은 자신이 하는 수업이 어떤 방향으로 흘러가는지 잘 느끼지 못한다. 책에서 보거나 선배들한테 배운 놀이를 아이들이 경험하게 해주고 싶어 한다. 그리고 수업이 잘됐는지, 잘되지 않았다면 원인은 무엇인지 고민한다. 그런 생각에서 벗어나기가 쉽지 않은데, 숲 해설을 한두 해 하다 보면 이게 아니라는 생각이 든다.

　내 수업의 목표는 '아이들이 행복한 것'인데, 지금 아이들이 숲에서 정말 행복할까? 가만히 보면 숲에서 행복한 것은 맞다. 그런데 내가 준비한 것 때문에 행복한 게 아니라, 숲에 있으니 행복하고 친구들과 장난치고 놀다 보니 행복한 것이다. 내가 하는 역할이 그다지 크지 않다.

　내가 지나치게 아이들을 가르치려고 한다는 것을 알았다. 초기에도 조금씩 자연스럽게 놀려고 생각하지만 잘되지 않았다. 이때부터는 좀더 고민하고 자연스럽게 놀려고 애쓰는 모습을 발견할 수 있다. 후기에서 그런 상황을 들여다보자.

2009년 3월

가는 날이 장날이라고 갑자기 추워져서 걱정을 했습니다. 하지만 아이들의 활기찬 목소리와 몸짓에 추운 줄 모르고 봄을 만끽했어요.

올해 첫날이고 새로운 친구도 있어서, 한 해 동안 놀이가 진행되는 코스를 한 바퀴 돌아오기로 했지요. 현절사로 올라가서 북문으로 내려오는 코스예요. 커다란 귀룽나무 주변에서 '숲 속 수호신 만들기'를 했어요. 한 해 동안 숲에서 다치거나 아프지 않고 재밌게 놀다 갈 수 있도록 숲 속의 주인인 자연물에게 소원을 말하듯 안녕을 기원하는 시간입니다.

각자 자연물을 주워서 이름도 지어주고, 제가 나눠준 인형 눈을 붙인 다음 귀룽나무 밑에 세워뒀어요. 별것 아닌 시간이지만 숲에 들어서면서 한 해 동안 건강히 보낼 수 있도록 숲 친구에게 기원하는 것은 나름 의미가 있다고 생각합니다. "난 안 해" 하고 먼저 가버린 친구도 몇 명 있는데, 그 아이들에게 설마 나쁜 일이 생기지는 않겠지요? 다음 달에 놀러 와서도 그 자리에 있을지 벌써 궁금하네요.

얼음이 언 곳에서 살짝 얼음도 지치고, 숲길을 성큼성큼 올라갔어요. 길옆에 나무가 많은 곳에 도착했습니다. 여기에선 각자의 마음속에 들어오는 나무 한 그루를 정하고, 이름도 지어주기로 했어요.

'내 친구를 소개합니다'라는 놀이예요. 제가 가져간 종이테이프를 아이들이 고른 나무에 붙이고 이름을 적어줬어요. 다빈이는 '쭈글쭈글이', 희람이는 '태목', 성은이는 '길쭉이', 성진이는 '개구리', 준홍이는 '박개똥', 세영이는 '키

큰나무', 진우는 '한나무', 유진이는 자기 이름을 따서 '유진이', 준하는 '고슴도치', 상우는 '오즈의 마법사'…. 와! 그러고 보니 저도 머리가 꽤 좋군요.

각자 이름 붙인 나무 친구를 다른 친구들에게 소개해줬어요. 돌아다니면서 다른 나무 친구들 이름을 다 외우고, 이름표를 떼고 나서 잘 아는지 물어봤지요. 저는 이름은 생각나는데, 어떤 나무가 어떤 이름이었는지 잘 모르겠더라고요. 아이들은 제가 가리킨 나무마다 바로 이름을 맞혔어요. 다음에 올 때도, 그 다음에 올 때도 자기 친구 나무를 기억해주기로 하고 다시 산을 올라갔지요.

가다 보니 여러 가지 열매들이 보였어요. 솔방울, 단풍나무 열매, 아까시나무 열매, 물오리나무 열매, 도토리, 팥배나무 열매. 한 군데에서 여섯 가지나 찾았어요. 열매를 찾은 김에 그루터기나 바위가 나오면 씨앗 놀이를 하기로 했어요. 얼마 걷지 않아서 나무 의자가 나타났어요. 거기에서 '씨앗에 다 들었어요'라는 놀이를 했죠.

먼저 식물의 각 기관을 말해보라고 했어요. 유진이, 진우, 준하, 희람이, 다빈이가 자기 의견을 얘기했고, 제가 종합해서 말해줬습니다. 식물은 크게 뿌리, 줄기, 잎, 꽃, 열매로 나눌 수 있지요. 각자 되고 싶은 부분이 돼보자고 했어요. 두세 명씩 골고루 나뉘었어요.

제가 "꽃" 하고 외치면 꽃 모둠이 나무 의자에 올라서는 거예요. 발이 땅에 닿으면 안 되죠. "열매, 줄기" 하면 열매 모둠과 줄기 모둠이 의자에 올라가야 해요. 마지막에는 "뿌리, 줄기, 잎, 꽃, 열매"라고 외쳐서 다 같이 의

자에 올라갔어요. 씨앗에는 이 모든 게 하나로 뭉쳐서 들었지요. 엄마 나무
가 씨앗을 만들 때 자기와 같은 유전자를 넣어뒀으니까요. 씨앗은 사람으
로 치면 아기와 같아요. 봄이 되면 씨앗에서 새싹이 나와 파릇파릇해져요.
씨앗의 의미에 대해서 알려주고, 모둠 구성원끼리 협동심도 기를 수 있는
놀이입니다.

　조금 걷다 보니 언 땅이 녹아서 질퍽한 곳이 있었어요. 그곳을 지나자마자
다른 놀이를 했습니다. 봄이 되니 날이 풀리면서 겨울잠 자던 개구리도 깨어
나지요. 3월 5일이 경칩이었잖아요. 겨울에 자다가 봄이 오면 깨어나는 개구
리의 특성을 알아보기 위해서 '봄 겨울' 놀이를 했어요. 먼저 아이들 중에 봄과
겨울을 한 명씩 뽑고, 희람이가 들고 있던 막대기를 빌려서 출발선으로 정했
어요. 다른 친구들은 모두 개구리가 되어 성벽을 짚고 돌아오는 놀이죠.

　도중에 겨울이 "겨울" 하고 어깨를 짚으면 멈춰야 해요. 봄이 "봄" 하고 다
시 어깨를 짚으면 깨어나서 뜀뛰기로 가고요. 아이들이 좋아해서 세 번이나
했어요. 처음에는 춥다고 웅크렸는데 뛰고 나니 좀 나아졌나 봐요.

　바로 옆 소나무 밑에서 마지막으로 '뿌리뱅이의 작전'을 했지요. 겨울에도
죽지 않고 살아서 봄이 되면 일찍 꽃을 피우는 로제트 식물에 대한 놀이예요.
두 모둠으로 나누기 위해 먼저 '숲 속 가위바위보'를 했어요. 자연물을 한 가지
씩 가져와서 친구들과 가위바위보 하는 건데요. 가위는 나뭇가지, 바위는 돌
멩이, 보는 나뭇잎으로 정했어요. 간단한 가위바위보도 숲 속 자연물로 바꿔

서 아이들이 자연물을 만질 기회를 더 주고 싶었습니다.

진 모둠이 '뿌리뱅이'가 되고, 이긴 모둠이 '날씨'가 되기로 했어요. 이긴 모둠에겐 긴 끈을 주었어요. 긴 끈은 강한 추위를 나타내요. 긴 끈을 양쪽에서 잡고 지나갈 때 걸리는 풀은 죽어요. 죽지 않으려면 낮게 숙여야 해요. 모둠을 바꿔서도 해봤어요. 그러던 중에 준홍이가 "키가 작을수록 유리하구나!" 하더군요. 맞아요. 뿌리뱅이나 민들레, 냉이, 달맞이꽃 등 로제트 식물은 땅바닥에 붙어서 겨울을 나요. 넓적하게 퍼져야 햇빛도 잘 받을 수 있고요.

나머지 시간은 땅에 바짝 붙고 넓게 퍼진 풀이 있는지 찾아보면서 내려가기로 했습니다. 먼저 뛰어간 아이들은 못 찾지 않았나 싶어요. 저를 따라 천천히 오던 친구들은 세 종류나 찾아냈지요. 준하는 로제트 식물에 대한 정의를 알아낸 듯 "민들레도 이렇게 생겼어요" 하고 외쳤어요.

로제트 식물은 바닥에 딱 붙어서 추운 겨울을 나고, 어느 식물보다 먼저 꽃을 피우지요. 고통을 잠깐 참고 다른 이들보다 먼저 결실을 맺는 거예요. 좀 어려워서 아이들에게 그 얘기는 하지 않았어요. 날씨가 춥고 두 달을 쉬었다가 만났는데도 변함없이 명랑하고 즐겁게 놀아준 아이들이 대견해요. 저도 아이들 덕분에 좋은 에너지를 많이 받았답니다.

가끔 아이들의 예전 사진을 보는데, 3년이지만 아주 다르더라고요. 그새 부쩍부쩍 자랐어요. 올해도 아이들이 숲처럼 쑥쑥 커가길 바랍니다.

덧글

'숲 속 수호신 만들기'는 자연과 친구가 되는 놀이고, '내 친구를 소개합니다'
는 나무를 친구로 여기고 다른 나무들도 손으로 만지며 자연과 교감하는 놀이다.
단순히 나무를 이름으로 외우면서 배우는 것이 아니라, 나만의 이름을 지어주는
것이다. 그러면서 가까워지고, 나중에 다시 그 장소에 갔을 때 그 나무를 찾고 달
라진 모습도 살펴본다. 내가 아는 한 아이들과 할 수 있는 가장 높은 경지의 숲
놀이다. 자연을 친구로 여기고, 자주 살피고 관심을 기울이게 하기 위해서 숲 놀
이를 하는데, 이 놀이로 그것이 가능하니 얼마나 좋은가.

숲 속 수호신 만들기에 인형 눈은 준비하지 않아도 된다. '뿌리뱅이의 작전'도
현장에서 막대기나 칡을 구해서 할 수 있다.

'봄 겨울' 놀이는 아이들이 의외로 아주 좋아했다. 아이들은 간단하고 유치해
도 술래잡기 형식이 가미되고 몸 쓰는 활동을 즐거워한다.

2009년 4월

지난번에 왔던 승주가 아파서 빠지고, 진영이와 영범이가 새로 들어와서 오늘은 14명이 참여했습니다.

봄이 완연해서 봄꽃에 대한 놀이를 했어요. 특히 이달부터는 '자연 관찰 그리기'도 추가하기로 했지요. 자연의 이치를 알아가는 데 관찰 기록만큼 좋은 게 없어요. 그림을 그리다 보면 자연스럽게 관찰하니까요.

현절사 아래에서 솔이를 기다리며 '무슨 말일까?' 놀이를 했어요. 아이들이 걷는 속도가 달라서 모이는 데 시간이 좀 걸리면 산만해져요. 이런 때 집중할 수 있도록 하는 놀이입니다. 제가 소리 내지 않고 입 모양을 하면 그게 무슨 말인지 맞히는 거예요. 아이들이 금방 집중하더군요. 맞힌 친구가 다음 문제를 내서 자연스럽게 아이들끼리 놀았어요. 그러는 중에 솔이가 합류했습니다.

첫 번째는 숲을 자세하고 다양하게 볼 수 있도록 유도하는 '숲 속 빙고'예요. 일반적인 빙고 놀이와 조금 달라요. 제가 불러준 자연물 아홉 개를 찾고, 찾은 것에 동그라미 해서 누가 먼저 두 줄을 완성하는지 알아보는 거죠.

자연물을 제시할 땐 식물 이름뿐만 아니라 아이들이 다양하게 숲을 살펴볼 수 있도록 거미줄, 나무 열매, 깃털, 새싹 등 자세히 봐야 찾아내는 것도 넣어줍니다. 아이들 중에 자연 공부를 한 친구에게 물어서 알아낼 수 있도록 질경이도 넣었어요. 다빈이가 질경이를 알아서 아이들이 물어보고 찾더군요. 자세히 들여다보면 많은 것을 찾아낼 수 있다고 하루 동안 놀이가 어떻게 진행될지 암시를 주고 두 번째 놀이로 들어갔습니다. 귀룽나무가 새싹을 틔워 멋진 초록으로 덮여가는 숲 속에서 진행했어요.

시간이 많이 지나지 않는데도 아이들이 배가 고프대서 이번 놀이를 하고 점심을 먹기로 했어요. 아이들이 관찰한 꽃 중에서 모둠별로 하나씩 정하고, 그 꽃을 흉내 내면 다른 모둠이 맞히는 놀이입니다. 남자아이 모둠은 제비꽃을, 여자아이 모둠은 냉이 꽃을 문제로 냈어요. 꽃잎이 약간 젖혀진 제비꽃 흉내를 잘 냈고, 냉이 꽃도 여러 송이가 뭉친 모양을 잘 표현했습니다.

흉내를 내려면 그 대상을 자세히 봐야 합니다. 관찰을 유도하고, 무엇보다 모둠 구성원 전체가 의논한 것을 몸으로 표현하죠. 저는 어떤 내용이든 최종적인 결과물로 가장 어려우면서도 멋진 게 예술이라고 생각해요. 그림이나 노래나 몸짓이나 내가 표현하는 것을 다른 사람이 보고 감동받게 하는 것. 예술의 본질이 그것이라고 보고, 그 기회를 자주 제공하는 게 좋다고 생각합니다. 아이들이 아직 연극을 하기에는 어리지만, 몸으로 표현해보는 건 좋은 준비 과정이에요.

점심을 맛나게 먹고 그리기를 했어요. 아무거나 그려도 좋지만, 꽃을 세 가지 이상 그리라고 했죠. 아이들이 길에 떨어진 버드나무 수꽃을 보고 애벌레 같다면서 징그러워했는데, 그것도 꽃이라고 하니까 신기해하면서 그리더라고요.

진영이는 1학년이면서도 버드나무 수꽃을 꼼꼼하게 그렸어요. 아이들과 함께 그리니 제가 쓰는 물감을 아이들도 쓰고 싶어 하더라고요. 다음에는 팔레트에 물감을 짜서 붓과 함께 준비해주시면 좋을 것 같아요. 아이들이 어려서 물감 쓰기가 어려울 거라 생각했는데 다들 곧잘 쓰더라고요. 그리기 전에 오늘 날짜와 장소, 그린 것 이름, 그 느낌을 적게 했어요. 이런 과정을 꾸준히 반복하면 1년 동안 숲이 어떻게 달라지는지, 자연이 얼마나 다양하고 신비한지 기록할 수 있습니다. 저도 이 과정을 통해 더 많은 것을 알았어요.

다음에는 꽃과 곤충의 관계를 알아보는 놀이를 했습니다. 꽃은 식물의 생식기로, 곤충을 부르기 위해서 피지요. 진영이가 벌이 되고, 다른 아이들은 모두 꽃이 되어 자리에 앉았어요. 제가 막대기를 두드리면 꽃은 일어날 수 있답니다. 하지만 한 번 일어난 꽃은 다시 일어날 기회가 없어요. 꽃이 일어나면 벌은 8자로 엉덩이춤을 추고요. 동료들에게 꽃이 있다고 알리는 신호지요. 총 열세 번 기회를 줬는데, 진영이 벌은 세 번밖에 춤추지 못했어요.

"이왕이면 벌을 여러 번 부르는 게 좋겠지? 어떻게 하면 좋을까? 한 번 더 기회를 줄게" 하고 의논할 시간을 줬어요. 이윽고 아이들이 순번을 정했습니다. 제가 신호를 보낼 때 한 사람씩 일어나더라고요. 중간에 다빈이가 착각해

서 세영이와 함께 일어나는 바람에 결국 열두 번 춤을 췄지요. 그래도 세 번에 비하면 많아졌어요. 이런 작전을 쓰는 꽃들이 많답니다.

이번엔 다른 꽃의 전략을 알아보기로 했어요. 벚꽃이나 목련처럼 한꺼번에 피는 꽃들도 있잖아요. 제가 어떤 과제를 주고 그 과제에 맞게 뭉치는 놀이인데, 열 명이 넘어가면 제가 벌이 되어 엉덩이춤을 추기로 했어요. 아이들은 저의 춤이 보고 싶어서 어떻게든 열 명 이상 모이려고 애썼지만 잘 안 됐어요. 제가 "양말 안 신고 온 사람" "어제 양치 안 하고 잔 사람" 이런 식으로 엉뚱한 과제를 냈거든요. 그래도 세 번이나 열 명이 넘게 모여서 제가 엉덩이춤을 세 번 췄어요.

꽃 중에는 한꺼번에 피어서 주변의 곤충을 모두 자기에게 부르려는 것들도 있지요. 화려하게 피어서 근방의 곤충을 독점하려는 전략이에요. 이렇게 꽃도 모두 전략이 다릅니다.

이어서 '꽃가루 가위바위보'를 했어요. 곤충이 꽃가루를 묻혀서 가더라도 다른 꽃에게 가면 꽃가루받이가 되지 않죠. 종류가 같은 꽃 암술에 앉아야 꽃가루받이가 됩니다. 아이들은 모두 곤충이 소개해주는 소개팅에 나온 거예요. 각자 손가락 가위바위보로 같은 게 나오면 꽃가루받이가 되고, 다른 게 나오면 꽃가루받이가 안 되죠. 손가락은 한 개, 두 개, 세 개를 낼 수 있어요. 둘 다 한 개를 내면 "안녕" 하고 인사하기, 둘 다 두 개를 내면 "반가워" 하고 악수하기, 둘 다 세 개를 내면 "사랑해" 하고 껴안아주기로 했지요. 스킨십을 안 하려고 할까 봐 조금 걱정했어요.

의외로 다들 재밌게 잘했습니다. 세 개를 피하고 한두 개만 할 줄 알았는데, 아이들은 세 개를 더 많이 냈어요. 저도 중간에 끼어서 같이 했어요. 모두 껴안고 "사랑해" 외치면서 다녔죠. 누가 더 많이 성공했는지 알아보니 스무 번도 넘게 성공한 친구가 있었어요. 전 여섯 번밖에 못 했는데…. 저는 스킨십이 중요하다고 생각합니다. 실제로 해보면 많은 것을 느끼죠. 요즘 정서가 불안한 아이들이 많은데, 어릴 적부터 스킨십이 부족하면 그럴 수 있다고 합니다.

곤충과 꽃은 사이좋게 지내요. 우리도 숲에서 계속 사이좋게 지내기로 하고 내려왔습니다.

덧글

산만한 아이들을 집중시키기 위해 목소리를 높이지 않고 '무슨 말일까?'를 진행한 점은 좋다. 숲을 잘 관찰하도록 '숲 속 빙고'를 한 것도 괜찮다. 하지만 꽃과 곤충의 관계를 알려주는 놀이가 몇 가지는 좀 복잡하다. 강사가 아는 것을 쉽게 설명하려고 진행했는데, 지나치게 교육적인 놀이가 되었다.

그래도 생태 놀이에 연연하지 않고 편안하게 그림 그리기를 한 것이나 '꽃가루 가위바위보'를 통해 스킨십을 유도한 것은 좋다. 요즘은 손가락 숫자 대신 가위바위보로 한다. 둘 다 가위를 내면 "안녕하세요", 둘 다 바위를 내면 "반갑습니다", 둘 다 보를 내면 "사랑합니다" 하며 꽃가루받이하는 것이다. 자연을 배우는 것도 중요하지만, 그 안에서 놀며 자연이나 친구들과 친해지는 게 더 좋다고 생각한다.

2009년 5월

계절의 여왕 5월, 숲이 점점 멋있어지고 날씨도 좋아요. 5월은 식물의 잎이 거의 다 자라고, 내실을 기하는 시기입니다. 열심히 광합성을 해서 양분을 만들고, 꽃을 피우고 열매를 만드는 계절이죠.

몇 명이 빠졌지만 기완이가 새로 와서 12명이 되었어요. 조금 덥긴 해도 숲에 들어가면 시원하니까 부지런히 현절사 쪽으로 걸어갔습니다. 먼저 '몸으로 하는 인사'를 했어요. 두 사람이 손을 맞잡고 몸을 비틀어 한 바퀴 도는데 처음에는 손, 그다음은 팔꿈치, 그다음은 어깨… 이렇게 난도를 높여가면서 진행합니다. 놀이하는 동안 웃고, 웃다 보면 마음과 몸이 풀려요.

몸풀기를 마치고 '도토리를 굴려라'로 협동심을 다졌습니다. 제가 준비한 보자기에 도토리를 올려놓고, 그림에 따라 1번부터 4번까지 적힌 나뭇잎에 도토리를 굴려서 넣는 거예요. 모두 보자기 끝을 잡고, 도토리를 이리저리 굴려가며 순서에 맞게 넣으려고 했어요.

그러는 동안 친구의 눈빛과 몸짓을 보고, 힘도 잘 맞춰갑니다. 도토리가 밖

으로 굴러가면 안 되는데, 중간에 다빈이 덕분에 도토리가 밖으로 나가려다 멈췄어요. 아이들이 "휴~ 다빈이 덕분에 살았다"고 하자, 다빈이는 조금 기분이 좋아진 모양이에요. 과제를 혼자 하기 어려울 때 주변의 도움을 받으면 수월하게 해결되는 일이 많습니다.

다음엔 주변을 살펴보고 자연물을 하나씩 가져오라고 했어요. 아이들이 가져온 것을 보자기에 놓고 키를 재보았습니다. 가장 키가 큰 걸 찾아온 친구에게 제 모자를 씌워줬어요. '햇빛 모자'라고 이름 붙였지요. 키가 큰 것을 찾아오면 햇빛 모자를 쓸 수 있다고 하니, 아이들은 제각기 흩어져서 나뭇가지를 찾았어요. 처음엔 희람이가, 다음엔 자기보다 훨씬 큰 나무를 찾아온 준홍이가 햇빛 모자를 썼죠. 그리고 나서는 아무도 준홍이보다 큰 나무를 찾지 못했어요.

나중에 현진이가 엄청 큰 나무를 발견했어요. 아이들이 늘 '외나무다리 건너기'를 하던 나무예요. 무거워서 들지 못하고 애쓰자, 아이들이 달려가서 한

꺼번에 들어 올렸어요. 키가 7~8m는 되어 보이는 나무입니다. 모두 다 햇빛 모자를 쓸 자격이 있다고 했지요.

아이들에게 바로 위를 올려다보라고 했어요. 나무들이 햇빛이 잘 들어오지 않을 정도로 숲을 메웠어요. 나무가 크고 곧게 자라는 것은 햇빛 때문입니다. "저희 집 화분에 있는 나무가 햇빛 있는 쪽으로 가지를 많이 뻗었어요"라고 하는 아이들이 있더라고요. 식물과 햇빛의 관계를 다시 한 번 느꼈을 거예요.

아이들이 외나무다리 건너기를 하자고 했어요. 그곳에 가면 꼭 있는 일이에요. 큰 나무들이 많이 쓰러져서 그런 모양이에요. 아이들은 늘 하는 놀이가 재밌나 봐요.

오늘은 좀 다르게 모둠을 나눠서 '광합성 윷놀이'를 해보자고 했어요. 먼저 상대방 모둠에서 네 명이 나와요. 네 명은 눈을 감고 제가 "하나 둘 셋" 외치면 앉을지 서 있을지 결정해서 움직여요. 실제 윷처럼 땅에 엎드리거나 눕자니까 옷이 더러워진다고 싫대요.

앉은 사람은 윷으로 치면 뒤집어진 것이고, 선 사람은 엎어진 것이라고 했어요. 앉은 사람이 두 명이면 '개'가 되지요. 개가 나오면 모둠 구성원 중 두 명이 외나무다리를 건널 수 있어요. 나뭇잎이 건강해야 광합성 양도 많아진다는 것을 윷놀이로 알아보는 놀이입니다.

점심 먹고 나서 '누구를 그렸을까?' 놀이를 했어요. 각자 나뭇잎 하나를 골라서 기록장에 그립니다. 제가 기록장을 마구 섞어놓으면 다른 사람 기록장을

하나 골라서 그 그림이 무엇인지 맞히는 거예요. 기록장을 들고 다니면서 맞는 것 같은 나뭇잎을 한 장 따 오라고 했어요. 그림을 그린 사람도 자신이 그린 나뭇잎을 따 옵니다. 두 개를 비교해서 맞는지 틀리는지 알아보고, 그 원인은 무엇인지 이야기했어요.

"기록장 주인이 누군지 알고, 그 사람이 어디서 그리고 있었는지 기억해서 잘 찾은 것 같아요." "손가락 모양이라 단풍나무라고 생각해서 찾았는데 맞았어요." "뾰족해서 이건 줄 알았는데 틀렸어요."

나뭇잎을 그린 사람이 제대로 그렸다면 다른 친구도 잘 찾았겠죠. 자세히 보고 그리지 않아서 많이 틀렸어요.

나뭇잎을 관찰하는 요령에 대해 잠시 수업을 했습니다. 마주나기, 어긋나기, 겹잎, 홑잎, 결각, 톱니(거치) 등 전문적인 용어를 알려주고, 이제부터 조금 더 자세히 보면서 그리기로 했어요. 서로 다른 잎을 세 장 이상 그리고, 날짜와 장소, 이름, 관찰한 내용, 느낌 등을 적어보라고 했지요. 다들 곧잘 그립니다. 지금은 잘 모르지만 이 결과물이 쌓이면 좋은 재산이 될 거예요.

그림을 다 그리고 정리하는 놀이를 했어요. '녹색 징검다리'입니다. 먼저 준홍이와 성진이에게 징검다리로 쓸 돌을 찾아오라고 했어요. 두 사람은 주목받고 싶은 성향이 있는 것 같아서 역할을 주면 좋겠다 싶었거든요. 예전에 다빈이에게 전 코스에 두고 온 교구 가방을 갖다달라고 한 것과 마찬가지입니다. 준홍이와 성진이가 큰 돌을 낑낑대면서 들고 왔어요. 모두 고마운 마음으로

손뼉을 쳐주고 놀이를 시작했어요.

제가 정해놓은 바위(아주 크진 않아요)와 바위 사이를 아이들이 건너는 놀이입니다. 아이들이 건너는 방법으로 징검다리를 얘기했거든요. 징검다리용 돌을 두 개만 놓으라고 했어요. 두 개로는 그 사이에 충분한 거리가 확보되지 않아 징검다리를 옮겨가면서 놓아야 하는 상황입니다. 성진이와 준홍이를 다리 놓는 사람으로 임명했어요. 두 사람이 아이들의 보폭에 맞춰서 "진영이는 작으니까 좀 가깝게 놓자" "유진이는 크니까 좀 멀리 놓자"며 상의해서 놓더군요.

이윽고 두 개를 추가해서 징검다리 네 개가 됐어요. 그러자 성진이와 준홍이가 할 일이 없어지고, 아이들은 쉽게 징검다리를 건넜지요. 우리 숲도 마찬가지입니다. 동물들이 이동할 수 있도록 가깝게 연결되어 녹색 징검다리가 되는 게 좋아요. 도심이 발달하다 보면 숲은 파괴되기 쉬워요. 그런 때일수록 녹색 징검다리의 역할을 생각하고, 그것만이라도 끊어지지 않게 하면 좋겠어요. 아이들이 자라서 그런 어른이 되길 바라는 마음으로 진행해본 놀이입니다.

이달엔 조금 힘들었어요. 아마도 아이들이 놀이 중간에 싸워서 그런 듯합니다. 싸움은 교육 때마다 있었는데, 쌓여가니 좀 지친 모양이에요. 그래도 아이들이 숲에 와서 친구들과 즐겁고 신나게 놀면서 조금씩 나아지면 좋겠어요. 다음 달에 뵙겠습니다.

덧글

몸풀기 놀이로 체조도 하고 마음도 푸는 건 좋은 시도다. 주목받고 싶어 하는 아이들에게 과제를 주는 것도 괜찮은 방법이다. 조금씩 아이들을 읽고 아이들에게 좋은 활동을 소개하려고 노력하는 모습이 보인다.

기획된 놀이도 여전히 많이 진행한다. 그중에 '햇빛 모자를 쓰자'는 아이들이 커다란 나무를 가져오면 모자를 씌워주니 재미와 성취감이 있고, 자연스럽게 숲속 나무 이야기로 연결해서인지 반응이 좋았다. 거기에 비해 '광합성 윷놀이'는 '외나무다리 건너기'를 하면서 광합성에 대한 이야기를 연결하려니 연계성이 좀 떨어지기도 하고, 조금 복잡한 놀이라서 관심이 많지 않은 듯하다.

아이들을 대상으로 교육할 때는 자율 놀이가 가장 좋지만, 종종 기획 놀이도 하는 게 좋다. 장소와 계절, 시간 등 제한이 있을 때는 기획 놀이를 하는 것이 효율적이다. 하지만 기획 놀이를 하더라도 아이들이 관심을 보이고 즐거워할 수 있는 놀이가 좋다. 교육을 위해 억지로 진행하는 기획 놀이는 바람직하지 않다.

다만 아이들이 질문하고 그 질문에 답하며 이해를 돕기 위해 교육적으로 진행하는 놀이는 재미와 흥미보다 지적 호기심을 풀어줄 수 있어서 좋다. 특정한 놀이나 특정한 방식이 좋고 나머지는 나쁘다고 말할 수 없고, 상황이나 아이들의 반응에 따라 달리 적용하고 두루 경험하게 해야 한다.

2009년 7월

오늘은 다른 때보다 편안하게 조금 먼 거리를 걷기로 계획했습니다. 그동안 같은 장소에서 수업했거든요. 연초에 한 바퀴 돌았듯이 북문에서 현절사 쪽으로 돌아볼 생각이에요.

첫 번째는 숲을 좀더 자세히 보도록 유도하는 놀이를 했습니다. 제가 준비한 밧줄로 바닥에 삼각형을 만들었어요. 그 모양과 같은 자연물을 찾아오는 거예요. 찾아오는 순서대로 삼각형 안에 들어갈 수 있죠. 닮았는지 안 닮았는지는 문제 낸 사람이 판단하고요. 제가 냈으니 일단 제가 판단했어요.

희람이가 제일 먼저 세모난 돌을 찾아와서 다음 문제를 내라고 했죠. 희람이는 밧줄로 길쭉한 모양을 만든 다음, 아이들이 찾아온 자연물을 보고 "닮았다, 통과" "이건 좀 안 닮았다. 다시 찾아와"라고 말했어요. 일부러 짠 듯이 아이들이 돌아가며 1등을 해서, 모두 문제 낼 기회를 얻었습니다.

조금 늦게 온 진우도 바로 합류해서 놀았어요. 다빈이는 밧줄로 이빨 모양을 만들더라고요. 요즘 이에 관심이 생겼나 봐요. 자기 생각대로 모양을 만들

었지만, 친구들이 그것과 비슷한 자연물을 모두 찾아왔어요. 자연에는 비슷한 모양뿐만 아니라 여러 가지가 있지요. 오늘은 이렇게 주변을 살펴보며 여러 가지를 찾아보고 고민하는 시간을 보내기로 했습니다.

두 번째부터는 제가 준비한 종이쪽지를 상자에 담아놨어요. 한 명씩 뽑아서 쪽지에 있는 과제를 완수하는 겁니다. 제가 "이제부터 지렁이를 찾아보자"라고 말하는 것과 아이들이 직접 고른 쪽지에 '지렁이를 찾아보자'라고 적힌 것은 달라요. 미리 적어둔 쪽지를 직접 골라서 뽑을 경우 과제를 이행하려는 마음이 많이 생기죠. 쪽지를 뽑기 전에 뭐가 뽑힐지 궁금해서 더 집중하고요. 별것 아닌 종이쪽지라도 교육 효과가 높습니다. 놀이 방법은 간단해요.

쪽지를 뽑은 사람은 아이들이 어느 곳에서 찾으면 좋을지 범위를 정해주고, 얼마 동안 찾아야 할지 시간도 정합니다. 마지막으로 어디로 가져와야 할지 모일 장소까지 정해요. "저기 나무 그늘 쪽에 모이기로 했지? 선생님이 거기에 보자기를 깔아놓을 테니 찾아와" 하고 그곳에 가 있습니다. 아이들은 정해진 범위에서 과제를 수행하고, 찾아온 것을 다 같이 보고 이야기를 나눠요.

- 가시 난 나무 찾기   - 지렁이 찾기
- 애벌레 먹이 흔적 찾기   - 죽은 나무 찾기
- 바늘잎나무의 잎 찾기   - 향기 나는 잎 찾기

아이들이 이렇게 뽑았어요. 과제를 수행할 때마다 나무에 왜 가시가 나는 지, 어떤 애벌레가 어떤 잎을 먹었는지, 지렁이는 왜 여기서 발견됐는지, 나무 는 왜 죽었는지 등 의견을 나눴습니다.

"나무에는 왜 가시가 났을까?" 질문하면 "자신을 보호하기 위해서"라고 대 답하는데요, 다시 한 번 "어떻게 해서 자신을 보호할까?" 물어봐요. 이러면 아 이들이 한 번 더 생각하겠죠? 처음에는 교과서적인 답을 할 때가 많아요. 책 을 통해 지식을 습득하니까요. 하지만 정확히 어떤 방식으로 그렇게 되는지 구체적인 내용은 모르는 경우가 많습니다. 이런 과정을 통해 아이들이 찾아보 고 관찰하고 의견을 나누면서, 자연을 대하는 태도나 기타 학습 방법에 더 깊 이 있고 구체적인 사고를 할 수 있게 유도하죠.

저도 한 장 뽑았어요. '숲 속에서 들리는 소리 열 가지 적어보기'가 나왔네 요. 아이들은 조용히 눈을 감고 숲 속에서 들리는 소리에 귀 기울이며 열 가지 를 찾아냈어요. 언뜻 서너 가지 소리 같지만, 집중하면 여러 가지 소리가 들리 죠. 희람이는 일일이 종이에 적어가며 세더라고요. 바람 소리, 새소리, 비행기 소리, 나뭇잎 소리, 파리 소리, 발자국 소리….

어느덧 1시가 넘었어요. 세영이가 화장실에 가고 싶다고 해서 그럼 내려가 라고 하니까 혼자 가기는 좀 그렇대요. 진우가 같이 가준다고 해서 둘이 먼저 내려갔습니다. 나머지 아이들끼리 '나무 타기'를 했어요.

저는 나무 타기를 좋아합니다. 나무를 타다 보면 나무껍질의 감촉을 느끼

고, 근육을 사용하고, 주의력과 도전 정신도 생기죠. 의외로 재밌어요. 준하와 다빈이는 살짝 경쟁심을 드러내며 나무를 타더라고요. 하지만 멈춰야 할 때가 오죠. 더 올라가면 위험하겠다는 판단을 스스로 합니다.

자신의 운동 능력에 대한 생각일 수도 있고, 겁이 나서일 수도 있고, 나뭇가지가 부러질 것 같아서 그만 올라갈 수도 있죠. 어쨌든 주변 상황을 고려해서 중단해야 합니다. 물론 올라가기 위해 여러 가지 고민도 하고요. 일단 죽은 나무를 받침대로 써서 나무를 타기로 했어요. 지상에서 3m 이상 올라가서 멈춘 다빈이. 오늘의 최고 기록이죠.

"너희가 새라면 어디에 둥지를 짓겠니?"

"저희가 오른 것보다 높은 곳에요."

까치가 낮은 곳에 둥지를 짓진 않죠? 동물이나 인간이 새끼를 위협할까 봐 10m 정도 높이에 둥지를 틀어요. 다른 새들도 높은 가지나 지붕, 절벽에 짓는 경우가 많고요. 알 색깔을 주변과 비슷하게 하거나, 둥지 재료를 주변의 것으로 해서 보호색을 만들기도 하죠. 여러 둥지 가운데 높은 가지에 짓는 둥지의 전략에 대해서 얘기해본 거예요.

아이들이 좀더 놀겠다고 했는데, 제가 그만 내려가자고 했어요. 다른 때보다 인원이 적기도 하지만 프로그램이 좀 편안해서 아이들도 편하게 즐긴 모양이에요. 이후에도 편안한 프로그램을 준비하겠습니다.

덧글

놀이는 한 번 하고 끝내는 것보다 계속 진행하는 게 좋다. 방법도 그런 형태를 띤 놀이가 바람직하다. 밧줄로 문제를 내고 그 모양과 비슷한 자연물 찾아오기는 우승자가 계속 달라져서 반복해도 되는 놀이다. 우승자가 달라지는 것도 필요한 부분 중 하나다. 특정한 아이가 계속 우승하면 다른 아이들은 놀이에 흥미를 잃을 수 있기 때문이다.

상자를 준비해서 그 안에 쪽지를 넣고 아이들이 직접 뽑은 것으로 과제를 수행하는 것 역시 좋은 활동이다. 교사가 준비하기보다 아이들이 정한 과제를 같이 하는 게 적극적인 참여를 유도할 수 있다. 다만 상자 안의 쪽지 내용이 자연물 찾아오기에 치중된 점은 아쉽다. 다른 쪽지를 넣어 아이들이 자연과 더 친해질 수 있게 하면 어떨까? 예를 들어 '마음에 드는 나무 찾아서 이름 지어주기' '나를 닮은 자연물 찾기' '마음에 드는 나무 1분간 안아주기' 등 자연을 직접적으로 느낄 수 있는 과제라면 더 좋았을 것 같다. 아직은 자연을 알려주고자 하는 맘이 좀더 큰 모양이다.

'소리 들어보기'는 언제 해도 좋은 프로그램이다. 우리는 자연과 멀어져 도시의 소음만 듣고 산다. 그러니 자연에 나왔을 때 자연의 소리에 귀 기울이는 게 좋다. 요즘에도 눈을 감고 뭔가 하는 활동을 많이 한다. 눈을 감는 것만으로도 귀를 기울이기 때문이다.

'나무 타기'도 이때부터 많이 한다. 나무 타기는 아이들이 좋아하는 숲 놀이 중 하나다. 가급적 자주 하면 좋을 듯하다.

2010년 3월

봄이 오는 듯싶더니 다시 춥죠? 남한산성 쪽은 바람이 불어서 더 추웠어요. 새해 들어 첫 수업하는 날이라 친구들과 얼굴도 익히고, 남한산성 지리도 익힌다는 생각으로 수업에 임했습니다. 놀이는 예닐곱 가지 준비했지만, 진행이 잘 안 될 걸 알기에 마음 편히 시작했어요. 나름 베테랑인 희람이와 진우를 빼면 새로운 얼굴들이에요. 선우, 홍이, 의진이, 윤아, 민준이, 철훈이, 가온이. 새 친구들은 모두 1학년입니다.

햇볕이 잘 들 거라고 생각한 북문 쪽은 아직 눈이 녹지 않아 미끄러웠어요. 반대로 갈걸… 이래서 답사가 필요한가 봅니다. 잘 아는 지역이라고 그냥 왔다가 아이들이 몇 번씩 미끄러졌네요. 그래도 겨울 숲에서 벌어질 수 있는 일이니 신나잖아요.

희람이와 진우를 조교, 부조교로 임명했어요. 수업하는 동료 중에 형이나 누나가 있는 것도 좋습니다. 학교 선생님만 스승이 아니죠. 주변엔 스승이 많아요. 옆집 형은 좋은 스승 가운데 으뜸이에요. 옆집 형이 사라진 시대에 그나

마 이렇게 형들과 함께하면 아쉬움이 덜하겠지요.

비탈길인데 눈이 덮여서 밧줄을 잡고 올라갔어요. 따로 놀이할 수 없었습니다. 중간에 잠깐 평지가 나오기에 자기소개도 할 겸, 아이들 이름도 외울 겸 간단한 놀이를 하자고 했어요. 안 하더군요. 서너 명은 오지도 않았고요.

일단 모인 아이들끼리 했어요. 앞사람이 자기 이름을 얘기하고 좋아하는 것을 얘기하면, 다음 사람은 앞사람이 말한 것을 그대로 얘기하고 자기소개도 하는 겁니다. 뒤로 갈수록 외울 분량이 많아지죠. 아시다시피 아이들은 잘 외웁니다. 제가 먼저 소개했어요.

"난 황경택 선생님이야. 나무를 좋아해."

진우는 야구와 야구공을, 선우는 글러브를, 가온이는 축구를, 희람이는 필기구와 공책을 좋아한대요. 조금 더 올라가서 그루터기에 앉아 떡을 나눠 먹으며 나머지 아이들도 물어보니 자기소개를 하더라고요.

"이렇게 친구 이름이랑 좋아하는 걸 알아도 그 친구를 다 아는 건 아냐. 저기 보이는 나무가 무슨 나무인지 아니?" 곧바로 소나무라고 말하더군요. 그러자 윤아가 "어? 저기 위에 솔방울이 아주 많이 달렸어요"라고 했어요. "그래, 그냥 지나가면 소나무라는 이름은 알 수 있지만 솔방울이 많은지, 상처 난 데가 있는지 알 수 없어. 선생님이 너희를 숲에 데려온 건 자연을 좀더 가까이, 자세히 보라는 뜻이야"라고 운을 뗐습니다.

아시다시피 제 말을 끝까지 듣는 애들은 많지 않죠. 아래 풍경을 볼 수 있는

곳으로 좀더 올라갔어요. 멀리 한강이 바라보이자 아이들이 벅찬지 "야호~" 외치더라고요. 희람이는 "한강이 보이니 저기가 북쪽인가 보다" 하면서 자기 집 위치를 가늠하기도 했습니다.

아이들이 춥다고 해서 '봄 겨울' 놀이를 했어요. 추울 땐 움직이는 게 최고 잖아요. 예전에 한 적이 있지만 처음 온 친구들이 많으니 다시 해보기로 했어요. 이번엔 저도 참가했죠. 제가 겨울 역할을 해서 개구리들을 잡으면, 선우가 봄 역할을 하면서 제게 잡혀 겨울잠 자는 개구리를 녹여주는 겁니다.

10분 가까이 뛰다 보니 조금 열이 나고 덜 추웠어요. 윤아가 놀이에 참여하지 않으면서 자꾸 춥다고 하자, 진우가 "그러니까 너도 놀이를 해야지. 이렇게 재밌는 걸 왜 안 하냐?"며 권합니다. 그래도 윤아는 안 할 거래요. 홍이와 의진이도 내내 둘이서 놀더라고요. 나뭇가지를 양손에 쥐고 그루터기 위에 이파리를 놓고 찧어댑니다. 억지로 놀이에 참여하라고 권하진 않았어요. 그 아이들은 소꿉장난이 더 재미난 거니까요.

생태 놀이라고 해서 제가 기획한 놀이가 최고는 아닙니다. 사실 어떤 면에선 강사가 필요하지 않아요. 아이들이 숲에서 놀고, 스스로 관찰하고 자연의 이치를 깨우치는 게 더 멋진 생태 수업이죠. 스스로 잘 못 하는 아이들을 위해 강사가 지도해줄 뿐이에요. 그런 면에서 오늘은 억지로 수업에 참여시키지 않아도 된다고 생각했어요. 오히려 다 같이 소꿉장난을 하는 게 더 좋지 않을까 싶었습니다.

바람이 차서 현절사 쪽으로 내려가기로 했어요. 예전에 주로 점심을 먹던 곳에 이르자 볕이 들어 따뜻하고, 평지다 보니 자연스레 아이들이 놀더라고요. 진우가 눈에 누우니 다른 아이들도 따라 누웠어요.

그런 건 아무 놀이도 아니죠. 하지만 눈에 누워보면 그 느낌이 아이들의 몸속에 쌓여요. 잠시 누웠다가 춥다고 일어나더니 눈을 뭉쳐서 던집니다. 자연스럽게 다 같이 눈을 뭉쳐서 계곡 아래로 누가 멀리 던지나 시합을 해봤어요. 눈 뭉치의 크기는 자기 맘대로 했죠. 희람이가 형이라 제일 멀리 갔는데, 나중엔 철훈이가 앞서더군요.

요즘은 숲에 가면 아이들이 에너지를 발산할 기회를 많이 줍니다. 예전 시골과 달리 요즘 아이들은 실내에서 놀 때가 많아 에너지를 발산할 기회가 적지요. 그래서 숲에 오면 동식물에 방해가 되지 않는 범위에서 에너지를 발산하게 합니다. 눈을 뭉쳐서 있는 힘껏 던져보는 행동은 그런 면에서 아이들에게 카타르시스를 준다고 할까요? 하고 나면 마음이 진정되고 밝아집니다.

멀리 던지기 다음엔 정확히 던지기로 이어갔어요. 아까시나무 한 그루를 정하고, 나뭇가지로 표시해둔 지점에 서서 아까시나무를 맞히는 겁니다. 선우가 두 번이나 정확히 맞혀서 우승했어요.

예전엔 동물을 사냥해서 먹고살았죠? 그때는 돌이나 창을 멀리, 정확히 던지는 게 중요한 능력이었을 거예요. 이제는 그런 능력이 별로 필요 없지만, 스포츠에 그런 면이 있습니다. 아이들이 야구나 축구 등 운동을 좋아하는 것도

어쩌면 그런 본능 때문인지 모른다고 얘기해줬어요.

쓰러진 아까시나무를 잘라 한쪽에 쌓아둔 게 보여서, 각자 막대기를 한 개씩 가져오라고 했습니다. 원을 만들어 자기 막대기를 지팡이처럼 짚고 서는 거예요. 오른손으로 지팡이를 잡고 있다가 제가 "하나 둘 셋!" 하면 왼쪽에 있는 사람의 지팡이를 자기 오른손으로 잡아요. 못 잡으면 탈락이죠. 순발력이 필요한 놀이입니다. 철훈이가 두 번이나 마지막까지 살아남았고, 세 번째는 가온이가 살아남았어요.

그렇게 몸풀기를 하고 본격적인 놀이는 눈 뭉치로 했어요. 각자 눈을 동그랗게 뭉쳐서 들고 있다가 제가 신호하면 던지고, 옆 사람의 눈 뭉치를 잡는 겁니다. 막대기보다 훨씬 어렵죠. 처음엔 저 혼자 성공했어요. 다음에는 희람이가 성공했고, 그다음에는 세 명이나 성공했습니다.

아이들이 개구리, 눈 뭉치가 파리라고 가정하고 진행하는 놀이예요. 개구리나 두꺼비는 살아 있는 벌레만 먹는다고 합니다. 가만히 있는 곤충은 물론, 움직이는 곤충도 긴 혀로 잡아채서 먹죠. 움직이는 것을 잡아먹는 모습을 보면 경이로워요. 하찮아 보이는 작은 동물도 각자 살아남기 위해 전략을 발전시키고, 어떤 면에선 우리 인간보다 뛰어나요. 자연에서 수업하는 이유 중 한 가지는 자연에 담긴 이치를 깨닫고, 우리 삶에 적용했으면 하는 바람 때문입니다.

아이들이 눈사람을 만들고 싶어 했어요. 여자아이들은 한쪽에서 소꿉놀이를 계속하고, 남자아이들은 모여서 눈사람을 만들었습니다. 다 만들고 나서

기념 촬영도 했고요.

등산객 한 분이 올라오자 "아저씨가 우리가 만든 눈사람을 맨 처음으로 보신 분이에요"라고 희람이가 말하더군요. 자신들이 만들어놓고 나름 뿌듯한 모양이에요.

어느새 1시가 되어 마무리하고 내려왔어요. 오늘은 첫날이라 숲 속에서 재미나게 놀 수 있다는 것을 느꼈으면 하고 편안히 진행했습니다. 생각보다 아이들이 스스로 잘 놀더라고요.

다음 달은 4월이니 따뜻할 겁니다. 봄이 완연한 남한산성의 수업이 기다려지네요. 그때까지 건강히 잘 지내기 바랍니다.

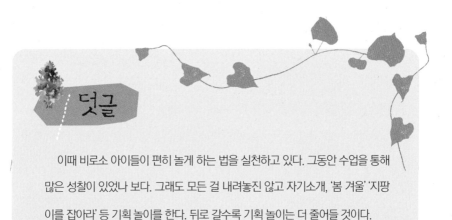

덧글

이때 비로소 아이들이 편히 놀게 하는 법을 실천하고 있다. 그동안 수업을 통해 많은 성찰이 있었나 보다. 그래도 모든 걸 내려놓진 않고 자기소개, '봄 겨울' '지팡이를 잡아라' 등 기획 놀이를 한다. 뒤로 갈수록 기획 놀이는 더 줄어들 것이다.

2010년 4월

몇 명 빠져서 오늘은 여섯 명이 나왔어요. 인원이 적으면 또 나름의 맛이 있죠. 얘기를 좀더 나눌 수 있으니까요.

"이건 뭐예요?"

아이들을 데리고 맹산 자연관찰로 쪽으로 이동하자마자 질문이 나옵니다. 아이들은 질문이 많지요? 그래서 첫 프로그램은 '물음표 카드' 놀이를 했어요. 물음표가 그려진 종이를 한 장씩 나눠주고, 숲에 들어서면서 궁금한 것을 한 가지씩 적으라고 했습니다. 그냥 생각해보라는 것과 종이를 나눠주고 적어보라는 것은 달라요. 아이들의 행동이 보다 적극적이고, 수업 진행도 원활해지거든요. 질문을 적은 종이를 줄에 걸었습니다.

줄을 매고 집게로 집어놓는 것도 이유가 있죠. 전시 효과를 노려 아이들이 집중하게 하고, 뭔가 진행되는 분위기를 조성하거든요. 장난하거나 진지하지 않게 반응할 수도 있는데, 뭔가 설치하면 아이들의 자세가 달라져요.

"자, 맹산의 자연 수수께끼 시간!"

"와~!"

"이제부터 수수께끼 내기를 할 거야. 늘 선생님이 내니까 재미없지? 오늘은 너희가 적은 쪽지에 있는 수수께끼를 내면 다른 친구들이 맞혀보자."

윤아는 "여기 오면서 보니까 밤송이가 땅바닥에 아주 많은데, 어느 게 밤나무인지 모르겠어요"라고 질문했어요. 진우가 알겠다고 손을 들었네요.

"진우, 얘기해볼래?"

"밤송이가 많다는 것은 밤나무도 많다는 증거예요. 여기에서 제일 많이 보이는 나무가 밤나무 아닐까요?"

"오! 그럼 진우가 찾아볼래?" 하니, "이렇게 생긴 게 제일 많아요. 이게 밤나무 아니에요?" 하네요. 진우가 정말 밤나무를 찾았습니다.

"밤송이에는 왜 가시가 많을까?" 하는 철훈이의 질문에는 홍이가 대답하더군요. "고슴도치를 흉내 낸 건 아닐까요?" 제가 다시 "왜 고슴도치를 흉내 냈을까?" 하고 묻자, "고슴도치는 호랑이가 자기를 못 먹게 가시가 많잖아요. 그러니까 밤송이도 자기를 못 먹게 가시가 많은 것 같아요"라고 했어요. 맞아요. 고슴도치는 가시를 만들어서 다른 포식자가 잡아먹기 어렵게 했죠. 밤도 안에 있는 씨앗을 보호하기 위해 가시를 만들었습니다.

홍이가 "진달래를 보니까 어느 건 아직 피었고, 어느 건 땅에 떨어졌어요. 왜 그럴까요?"라고 물으니, 희람이가 "꽃에도 수명이 있기 때문에 그럴 거예요"라고 했어요.

그 외에도 '이 나뭇잎은 왜 색이 하얗게 바랬나?' '왜 산엔 나무가 이렇게 많을까?' '이 풀은 이름이 뭐냐?' 같은 질문이 나왔고, 아이들이 서로 대답하고 제가 보충해주면서 마무리했습니다.

숲 속에는 궁금한 게 아주 많죠. 그렇게 궁금해하는 마음가짐으로 숲을 만나자고 했어요. 그리고 궁금하면 주변 친구들과 선생님에게 얼마든지 물어보라고요.

제가 종종 하는 이야기인데, "왜 나무껍질이 다 다르게 생겼죠?"라는 질문에 정확히 대답해주는 책이나 식물학자는 아직 없습니다. 어린아이의 평범한 질문에 답을 못 해주는 게 우리 생태학의 수준이에요. 어른이 되어가면서 그 순수한 질문이 필요 없어졌기 때문이죠. 아이들이 지금 같은 호기심을 유지하길 바랍니다.

한쪽에 천으로 된 주머니를 걸어놓고, 아이들 몰래 열매 하나를 넣었어요. 보지 않고 손으로 만져서 안에 있는 걸 맞히는 '손으로 보기'예요. 우리는 대부분 시각에 의지해서, 체험 교육에는 다른 감각을 자극하는 놀이가 많습니다. 이것 역시 손의 촉감을 자극하는 놀이죠. 2년 전쯤에 했는데, 희람이를 제외하고는 안 해본 아이들이라 다시 진행했어요. 도중에 주머니 안을 들여다보거나 열매를 꺼내지 않고 얌전히 하더군요.

윤아랑 홍이가 "어, 이건 내가 벌써 주웠는데?" 하고 옷 주머니에서 그 열매를 꺼냈어요. 주변에 있는 열매다 보니 오는 길에 주웠나 봐요. 모두 확인해보니 정확히 찾았습니다. 이깔나무 열매예요. 열매를 주운 김에 솔방울 같은 열매의 번식 전략을 알아봤죠.

"여길 봐, 꽃잎처럼 생겼지? 이 틈에 날개 달린 씨앗이 들었어. 솔방울도 그렇고, 전나무도 그렇고, 이 이깔나무도 그래."

씨앗이 아무 데나 떨어지면 안 되죠? 아스팔트나 바닷가에 떨어지면 싹을 틔울 수가 없습니다. 그래서 좋은 땅에 잘 떨어지길 바라는 마음으로 던지기

놀이를 했어요. 보통 바닥에 동그라미를 그리고 하지만, 이번에는 나무에 박스를 매달아서 농구 경기처럼 해봤어요.

아무래도 상자가 작으니 성공하는 애들이 많지 않았습니다. 그만큼 씨앗이 제대로 싹을 틔우는 데도 어려움이 많아요. 나무뿐만 아니죠. 우리도 건강한 어른으로 자라는 데 여러 가지 어려움이 있어요. 나무도, 우리도 각자 태어나서 잘 자랐음에 감사하는 놀이입니다.

간식을 먹자는 의견이 나와서 과자와 떡, 물 등을 먹으면서 5분 정도 쉬었어요. 그때 안쪽으로 들어가서 살펴보니 쓰러진 나무가 많더라고요. 숲 속에 쓰러진 나무는 최고의 놀잇감이죠. 아이도, 어른도 쓰러진 나무에서 노는 걸 좋아합니다.

쓰러지긴 했는데 뿌리가 반쯤 땅에 박힌 나무가 있어서 올라가 발을 구르니 흔들렸어요. 올라가서 누가 오래 버티나 균형 잡기 놀이를 했죠. '흔들리는 나무에서 오래 버티기'예요. 두 명씩 해서 준결승을 하고, 결승전을 치른 결과 홍이가 우승, 선우가 준우승을 했어요.

숲 속에서 노는 이유는 창의력 향상, 공동체 의식 함양, 생태 지식 획득, 감수성 획득 등 여러 가지가 있지만, 제대로 놀 기회가 없는 아이들을 자연에서 자연물과 함께 아무 생각 없이 놀리는 게 첫째입니다. 자연을 실컷 느끼게 해주려는 의도죠. 그래서 저는 종종 교육적이지 않더라도 마음껏 뛰어놀 수 있는 프로그램을 진행합니다. 아이들이 깔깔 웃고 동작이 커지면 그 모습이 얼

마나 예쁜지 몰라요.

흔들리는 나무에서 오래 버티기를 마치고, '나뭇가지로 균형 잡기'를 해봤어요. 처음에 시큰둥하던 윤아와 홍이도 집중해서 하더라고요. 아이들은 균형 잡기 놀이에서 강한 집중력을 발휘하죠. 숲에서 아무 말 없이 3분 이상 하나에 집중하는 아이들의 모습도 참 예쁩니다.

아이들은 2단으로 쌓기, 일렬로 균형 잡기, 한곳에서 다 같이 균형 잡기 등 여러 가지를 시도해요. 그러면서 성취감을 맛보죠. 균형을 잡아놓은 막대기가 바람에 돌아서 자기 다리나 허리에 닿을까 봐 몸을 움츠리고, "안 돼! 오지 마. 닿으면 안 돼" 하며 웃음을 터뜨리는 모습에 저까지 즐거웠어요.

잠시 걷다 보니 외나무다리가 나옵니다. 외나무다리 건너며 균형 잡기로 몸을 풀고, 이어서 최고 난도인 10m가 넘는 거리를 나무만 밟고 걸어가기를 했어요. 나무가 징검다리처럼 군데군데 떨어져서 쉽지 않았죠.

5분 정도는 모두 실패하고 떨어졌습니다. 그래도 포기하지 않고 계속 시도하고 새로운 길을 개발하더니, 결국 희람이가 제일 먼저 도착했어요. 이어 선우와 윤아, 홍이, 철훈이, 진우도 모두 성공했습니다.

그러자 희람이가 "여기부터는 중급이야" 하네요. 루트도 알아서 만들고요. 이번에도 모두 성공하자 "여기는 상급이야" 하면서 또 다른 길을 만듭니다. 아이들은 그 길도 다 같이 시도해서 통과했어요. 아이들이 단계를 올려가며 새로운 것에 도전하고 성취하는 모습이 아름답죠?

"이제 잠시 여기에 앉아봐" 하고 다 같이 통나무에 앉아서 징검다리 놀이의 의미를 생각해보았습니다.

"여기는 산이지? 저~기도 산이 보이네. 근데 중간에 뭐가 있어?"

"아파트요."

"도로요."

"맞아, 다람쥐가 이 산에서 저 산으로 갈 때 차가 다니는 길이랑 아파트가 있으면 힘들겠지? 너희도 중간에 쓰러진 나무가 없었으면 저기부터 여기까지 오지 못했을 거야. 동물에겐 이렇게 산과 산이 이어진 길이 필요하단다."

나중에 아파트 짓는 사람이나 도로를 내는 사람이 되더라도 잘 생각해서 하기로 했습니다.

마지막으로 조금은 정적이면서도 숲 속의 아름다움을 느낄 수 있는 프로그램을 하고 싶었어요. 그래서 '숲 속 액자' 놀이를 했습니다.

"집에 가면 멋진 액자가 있지? 숲에도 아름답고 멋진 장면이 숨어 있을 거야. 이 액자에 그 모습을 담아보자."

이번엔 포스트잇을 준비해서 제목도 적게 했어요. 생각보다 빨리 쓱쓱 짓더라고요.

윤아는 '진달래가 필 때'라고 시적인 제목을, 선우는 '나무 속 동굴'이라고 조금은 직접적인 제목을, 희람이는 '맛있겠지? 먹어봐야 알아'라고 만화 같은 제목을, 홍이는 '숲의 여행'이라고 조금은 추상적인(숲이 여행한 건지 우리가 숲으로 여행한 건지 잘 모르겠더라고요) 제목을, 철훈이는 '진달래 예뻐요'라고 순진한 제목을, 진우는 '숲 속의 하루'라고 평범한 듯하면서도 생각하게 하는 제목을 붙였네요. 모두 자기 스타일대로 제목을 붙였어요. 친구들이 놓아둔 액자를 들여다보고 "와~! 여기 좀 봐" 하기도 하고, 진달래를 냉큼 따 먹기도 합니다.

선우가 지난달에 한 '봄 겨울' 놀이를 하자고 해서 5분 정도 했습니다. 아이들은 역시 잡기 놀이가 재밌나 봐요.

내려가는 길에 미리 봐둔 나무 근처로 갔어요. "저쪽에 가면 정말 무섭게 생긴 나무가 있는데, 거기에서 모험을 좀 즐겨보자"라고 하니 잘 따라옵니다. 제가 시범을 보이며 올라가는데, 아이들이 "선생님, 거기에서 떨어지면 죽어요"라고 말립니다. 위험해 보였나 봐요. 그래도 제가 밑에서 봐주니까 아이들이 한 명씩 나무에 올라타더라고요. 한 명씩 뛰어내릴 때도 받아주었습니다.

아이들에게 숲 속에서 용기도 키워주고 싶어요. 아기자기한 놀이도 좋지만, 숲은 꿈틀꿈틀 모르는 게 있을 것 같고, 무섭기도 하고, 그것을 극복하고 싶잖아요. 남은 기간 동안 아이들에게 숲에서 노는 것이 아주 즐거운 일임을 많이 전해주고 싶습니다. 다음 달에도 맹산에서 뵙죠.

덧글

'물음표 카드' 놀이는 숲을 자세히 들여다보고, 의견을 나눌 시간을 준다. 무엇보다 어려운 문제도 친구들과 이야기하다 보면 알아낼 수 있다는 자신감을 심어준다. 물음표 카드 놀이는 머릿속으로 생각해도 되기 때문에 글씨를 못 쓰는 어린아이도 가능하다.

'손으로 보기'는 촉감을 자극하지만, 감성 체험이라기보다 관찰력 놀이다. 오감은 관찰력으로도 확장할 수 있기 때문이다. 인간은 온몸의 감각을 통해 관찰하고 많은 정보를 받아들인다.

나무 위에서 균형을 유지하기도 하고, 나뭇가지로 균형을 잡기도 하며 균형감과 관련 있는 활동을 했다. 이런 놀이도 정보를 전달하고 가르치려는 의도보다 자연과 어울리고 친해지길 바라는 마음에서 한다. '나뭇가지로 균형 잡기'는 한 가지를 제시했지만, 아이들이 여러 가지 방법으로 확장해서 균형 잡기를 시도한다. 그렇게 놀이는 확장성이 있다.

이 무렵에는 마음이 좀 편안해지고, 전반적으로 아이들과 편하게 자연을 즐기는 모습이다. 그러나 주어진 시간에 몇 가지 놀이를 진행하고자 하는 마음은 여전하다. 그것이 부자연스럽지 않고, 아이들이 즐거워하는 프로그램이라 다행이다.

2010년 5월

날씨가 황금 같습니다. 아주 멋져요. 모처럼 아이들이 다 모인 날이에요. 숲에 들어서자 홍이와 선우가 땅바닥에서 덜 익은 열매들을 줍습니다.

"이게 뭐예요?"

"응, 벗나무 열매 버찌야. 다른 친구들도 바닥에 떨어진 덜 익은 열매를 찾아볼래?"

"왜 익지도 않았는데 떨어졌어요?"

덜 익은 버찌가 왜 떨어졌는지 '열매 되어보기'로 간단히 알아봤어요. 가위바위보 해서 이긴 모둠은 비바람이 되고, 진 모둠은 버찌가 되어 나무를 꼭 껴안아요. 열을 셀 동안 비바람이 버찌를 떼어내는 놀이입니다. 몇 명이나 떨어졌을까요? 첫 번째 모둠은 한 명이 떨어졌고, 바꿔서 했을 땐 두 명이 떨어졌어요. 비바람의 세기도 영향이 있겠지만, 꽃이 수정되어 열매를 만들어도 튼실함이 각자 다를 거예요. 나뭇가지에 꼭 붙어서 떨어지지 않고 버티면 나중에 잘

익은 열매가 되고, 바람에 못 이겨 떨어지면 열매의 기능을 못 하고 말죠.

냉정해 보여도 튼실한 열매를 키워내기 위해서는 열린 열매를 모두 키우지 않고 적당량을 조절해요. 과수원에선 크고 맛 좋은 열매를 만들기 위해 자연적으로 떨어진 것 외에 솎아내기도 합니다. 조금 올라가니 밤나무 아래 돌돌 말린 나뭇잎 뭉치가 떨어졌어요.

아이들이 그것도 줍더라고요.

"이건 뭘까?"

"거미가 말아놓은 것 같아요."

"곤충들이 먹을 걸 넣어놓았나 봐요."

몇 가지 의견이 나왔어요.

"어떤 곤충이 알을 낳고 말아둔 거야."

"진짜요?"

아이들이 신기해합니다.

"하나만 펼쳐볼까?"

말린 나뭇잎을 천천히 펴니 작고 노란 알이 보여요. 거위벌레 알이죠. 알을 낳고 정성스레 요람을 만든 재단사, 거위벌레의 모습에서 자식을 사랑하는 부모의 마음이 느껴집니다.

나무를 본 김에 아이들이 나무를 타네요. 한 명씩 올라가 보기로 했어요. 윤아가 생각보다 나무를 잘 타더라고요. 철훈이, 선우도 잘 타고요. 진우와 희람이는

형인데도 아우들에 비해 높이 올라가지 못했어요. 그래도 강요할 필요는 없죠. 희람이는 내려와서 "와! 제가 저기까지 올라갔다는 게 안 믿겨요"라며 뿌듯해했어요. '나무 타기'는 스스로 용기를 얻고, 성취감도 맛볼 수 있는 놀이입니다.

홍이, 의진이, 민준이, 가온이도 차례로 나무에 올라갔어요. 나무 타기는 좀 위험하지만 제가 밑에서 지켜주니까 안전하게 할 수 있죠. 반드시 강사가 볼 때 나무 타기를 해야 합니다. 잘 타는 아이는 괜찮지만, 혹여 실수해서 떨어질지도 모르니까요. 나무 타기 전에도, 타는 중에도, 내려올 때도 제가 볼 때만 하라고 주의를 줬어요.

잠깐 가방에서 꺼내놓은 줄을 가지고 아이들이 놉니다. 그냥 지켜봤어요. 긴 줄넘기를 몇 번 하더니, 줄다리기도 하더라고요. 줄을 보면 자연스럽게 그런 놀이가 떠오르죠? 자꾸 해도 재밌나 봐요. 줄을 볼 때마다 같은 놀이를 하니까요. 줄넘기를 이용해서 간단한 놀이를 했습니다.

희람이와 진우가 줄을 돌리고, 나머지 아이들은 다람쥐가 되어 도토리를 줍는 놀이예요. 도토리는 제가 준비한 주머니로 대신했어요. 줄을 통과해서 집게가 든 주머니를 갖고 돌아오는 겁니다. 줄은 쌩쌩 달리는 자동차예요. 다

람쥐가 자동차들이 다니는 길을 통과해서 먹을 것을 구해 오는 설정이죠. 아이들은 몇 번이고 줄에 걸렸어요. 굳이 설명하지 않아도 이 놀이를 왜 했는지 알겠죠? 고라니나 두꺼비 등 찻길에서 사고를 당하는 동물에 대한 놀이니까요. 대상은 얼마든지 바꿔서 생각할 수 있습니다.

윤아가 과자를 꺼내는 바람에 아이들이 과자에 정신이 팔렸어요. 간식은 다 같이 먹는 게 좋으니까 꺼낸 김에 나눠 먹기로 했습니다. 윤아가 착하게 골고루 나눠주더라고요.

간식을 먹고 나서 '몸 자 만들기'를 했어요. 자기 몸에 자로 대체할 수 있는 부분이 있나 물어보니, 한 친구가 발걸음으로 잴 수 있대요. 한 번 재주고, 다시 똑같이 해보라고 하니 길이가 달라져요. 길이가 변하지 않는 부분으로 하자니까 대부분 손가락을 벌렸어요. 일일이 재줬지요. 어른들은 길이를 가늠하는 게 잘되지만, 아이들은 아직 그런 부분이 익숙하지 않아요. 각자 뼘을 이용해서 20cm짜리 자연물을 찾아보라고 했어요. 윤아가 바로 가져왔는데 40cm나 돼요. 다른 친구들도 길이가 맞지 않고요.

"얘들아, 선생님이 뼘을 재줬잖아. 그걸 이용해서 다시 찾아보자."

선우가 제일 먼저 20cm 막대기를 찾았어요. 이윽고 한두 명씩 찾아오고, 의진이는 세 개나 가져왔어요. 이제 자연물 자가 하나씩 생겼습니다. 그것을 다시 이용해야겠죠?

나무는 봄에 거의 다 자라는 경우가 많아요. 여름부터는 열매에 에너지를

투자하죠. 이 시기가 되면 자랄 만큼 자란 거예요. 그렇다면 올해 자란 가지가 어디부터 어디까지일까요? 녹색을 띠는 부분이 새로 자란 가지예요. 아이들에게 그것을 알려주고 이 숲에서 가장 많이 자란 친구가 누군지, 대략 얼마나 자랐는지 알아보게 했죠.

가온이가 제일 먼저 벚나무 가지를 찾았어요. 약 40cm나 자랐더라고요. 맹아지라서 더 많이 자랐네요. 희람이도 청가시덩굴을 찾아서 80cm가 넘는다고 했어요. 길이를 추정해보고, 숲을 샅샅이 들여다보고, 나무의 생장에 대해 알아보는 활동입니다.

몸을 쓰는 '새싹 멀리뛰기'를 하고 마치기로 했어요. 먼저 각자 멀리뛰기를 했어요.

"멀리뛰기 기록이 각자 다르듯이, 나무도 종류에 따라서 자라는 길이가 다르단다. 이번에는 이어 멀리뛰기를 해보자."

나무가 자라듯이 멀리뛰기를 해서 어디만큼 갈 수 있는지 해보기로 했어요. 10m 정도 뛰었어요.

"이번엔 순서를 바꿔서 해볼까? 방금 기록보다 멀리 가보자."

아이들은 더욱 힘을 내서 멀리 뛰더라고요. 처음 세운 기록보다 1m 정도 멀리 갔습니다.

"모둠 구성원이 같은데도 순서를 바꾸거나 힘을 더 내니까 기록이 다르지? 같은 나무도 환경이나 기후에 따라서 자라는 속도가 다르단다."

멀리뛰기를 이용해서 나무마다 성장 속도가 다르다는 것을 설명했어요. 아이들 공부나 운동도 마찬가지죠. 저마다 다른 모습으로 특징이 나타나고, 같은 아이라도 나이나 상황에 따라 다른 모습을 보이니까요.

숲에서 보낸 시간이 아이들 인생에 도움이 되고, 즐거운 기억으로 남길 바랍니다. 아이들이 나무 타기를 더하고 놀아서 기념사진 한 컷 찍고 내려왔어요. 다음 달부터는 훨씬 더워지겠죠? 무성한 여름 숲과 만나기 바랍니다.

덧글

'열매 되어보기'는 일종의 역할 놀이로, 다른 존재에 대한 이해를 돕는 활동이다. 자연 놀이에는 나무 되어보기, 곤충 되어보기, 야생동물 되어보기 등 되어보기 놀이가 많다. 되어보기 수업을 통해 아이들이 '나뿐만 아니라 다른 존재도 있구나, 다른 존재는 이렇게 사는구나, 다른 존재는 나하고 이렇게 다르구나' 이런 것을 배운다. 다양성을 인정하는 것이다.

가방에서 꺼내놓은 줄을 아이들이 가지고 놀 때 지켜본 것은 잘했다. 꼭 정해진 활동만 하고 나머지는 못 하게 할 것이 아니라, 현장 상황에 따라 아이들이 관심을 보이고 원하는 것을 하게 둔다.

몸 자를 이용해 겨울눈에서 자란 가지의 길이를 재보고, 곧바로 멀리뛰기를 한 것은 자연스럽게 이어진다. 아이들은 이런 때 자연스럽게 받아들인다. 무엇이든 자연스러워야 한다.

2010년 7월

오랜만에 다시 남한산성을 찾았어요. 더울 땐 그늘이 많은 곳이 좋죠. 그래서 자주 가던 코스로 갔어요. 그새 개울가에 작은 다리가 생기고, 좁은 등산로도 1m쯤 넓어졌네요. 등산객이 늘어서 정비한 모양입니다. 산에게는 좋지 않은 일이 사람에겐 좋은 경우가 많아요. 케이블카가 다니는 것도 산에게는 좋지 않지만 사람에겐 편리하죠.

지난 5월에 보고 두 달 만에 만나니 아이들이 부쩍 자랐어요. 데려오는 동안 보니 홍이의 발음과 어휘가 살짝 달라졌고, 의진이도 키가 훌쩍 자란 듯하고, 윤아의 눈빛이 깊어진 느낌이더라고요. 아이들 모두 조금 더 자라고 의젓해진 것 같아요. 그래서인지 놀이에도 지난번보다 의젓하면서도 적극적으로 참여했어요.

시작하면서 좀 걸었습니다. 걷다 보면 뜨거운 여름 햇볕이나 발바닥의 촉감을 느끼고, 혼자 떨어지면 자신에게 집중하지요. 내면의 소리도 잘 들리고요. 그런 의미에서 숲 체험할 때 걷는 게 좋다고 생각합니다.

길을 걷다 보니 똥이 있더라고요. 파리가 앉아 맛나게 식사 중이었죠. 다같이 관찰했어요. 파리 같은 동물이 없다면 우리 주변에 똥이 넘쳐날 거예요. 접시꽃, 해바라기, 토끼풀, 버찌도 보고 이런저런 이야기를 나누면서 걸었어요. 아이들 이마에 땀이 송골송골 맺힐 무렵 현절사에 도착했지요.

자주 놀던 곳에 가니 나뭇가지와 쓰러진 통나무들이 보였습니다. 송장벌레가 짝짓기를 하고 있어요. 송장벌레는 숲 속에 사체가 생기면 제일 먼저 오는

녀석이에요. 이 송장벌레가 없으면 사체가 나날이 쌓이겠죠. 옆에 버섯도 보였어요. 버섯이 아니면 나무가 썩지 않아요. 파리나 송장벌레, 버섯 같은 친구들을 아울러서 분해자라고 해요.

'다른 나뭇잎 찾기' 놀이를 위해 잣나무 두 그루 사이에 줄을 쳤어요. 줄을 칠 때부터 아이들은 궁금해합니다. 이번엔 집게를 나눠줬어요. 역시 집게를 왜 주는지 궁금해서 자꾸 질문하죠. 궁금해하는 아이들의 표정을 보며 준비를 마쳤어요.

"자, 선생님이 나눠준 집게는 모두 사용해야 해. 나뭇잎을 따서 여기 줄에 걸어보자. 집게를 가지고 있으면 벌칙이야."

벌써 움직이려는 아이들이 있습니다.

"설명을 더 들어야 해. 먼저 선생님이 하나 걸게. 산딸기나무 잎이네. 이제부터 이것과 다른 잎을 가져와야 걸 수 있어. 세 번째 가져오는 잎은 첫 번째, 두 번째와 달라야 해. 그러니까 여기 걸리는 나뭇잎은 모두 달라야 하는 거야. 알겠지?"

"네!"

아이들이 여기저기 흩어져서 나뭇잎을 줍고, 따기도 합니다.

"선생님 이거요. 걸어도 되지요?"

"결정은 선생님이 하는 게 아니야. 너희가 앞에 있는 잎과 비교해보고 다른 거라고 생각하면 걸어."

그다음부터는 알아서 줄에 걸린 잎과 비교하며 잎을 달았어요. 집게를 하나씩 더 나눠줬습니다. 제일 많이 단 친구는 5개나 걸었다고 하네요. 걸기를 마치고 세어보니 모두 22개였어요. 겹치는 잎을 빼니 16개가 남더라고요.

"잠깐이지만 너희가 여기 있는 16가지 식물을 찾아낸 거야. 다른 잎을 걸기 위해서 앞에 것을 관찰했지? 가시가 났거나 톱니가 있는 것처럼 다른 점을 발견한 거야. 식물학자들도 그렇게 식물을 분류한단다."

마무리하고 줄을 푸는데, 아이들은 줄이 재밌나 봐요. 가느다란 줄인데도 풀어서 한 사람씩 잡고 산에 오릅니다. 기차 소리도 내면서요. 이때 '기차놀이' 해보자고 하니 좋아해요. '림보 놀이'도 하자니까 아이들이 당장 하고 싶대요. 그럼 해야지요.

조교 희람이에게 긴 막대기를 구해 오라 하고, 저는 출발선을 만들었어요. 희람이가 칡덩굴을 가져오면서 "이것도 나무예요?" 하네요. 칡도 나무 종류지요. 긴 막대기를 생각했는데 칡을 가져와서 바로 림보 놀이를 했어요. 조교 희람이와 부조교 진우가 양쪽에서 칡덩굴을 잡고 아이들이 통과했죠. 두 사람이 점점 높이를 낮추면서 난도를 조정하더라고요.

"잠깐! 놀이 방법을 살짝 바꿔보자. 이제부터는 고개를 숙이면서 통과해도 좋고, 손을 땅에 짚어도 좋아. 대신 줄을 통과할 때의 동작은 그대로 유지해야 해."

색다른 림보 놀이를 제안했습니다. 아이들이 흔쾌히 받아들였어요. 개구리처럼 폴짝폴짝 가기도 하고, 몸을 젖히고 손으로 짚으면서 가기도 합니다. 칡

덩굴이 점점 내려오고 아이들 자세도 낮아졌어요. 그렇게 한참 놀았지요.

우리가 주변에서 보는 동식물은 저마다 사는 환경에 따라 그 형태가 갖춰졌어요. 동굴에 사는 박쥐는 어두우니 눈으로 볼 필요가 없어져서 눈이 퇴화한 대신 초음파가 발달했죠. 그렇듯이 신체를 바꿔가면서 현재 모습에 이른거예요. 간단히 설명해주자 진우가 "아, 진화!"라고 합니다.

"맞아, 진화라고 들어봤지? 진화는 고등동물로 발전하는 게 아니라 그때그때 상황에 맞게 변하는 거야. 주변에 보이는 것들이 다 그렇게 진화했단다."

아이들이 배고프다고 해서 간식을 먹었어요. 통나무를 네모나게 놓고 벤치처럼 둘러앉아 수박과 샌드위치, 식혜를 나눠 먹었습니다. 그러다 지렁이를 발견했어요. 아이들이 의외로 지렁이를 징그러워하지 않더라고요. 자세히 보고 만지고 싶어 하고, 희람이랑 진우, 철훈이, 선우는 손바닥에 올려놓기도 했어요.

"우리 '지렁이가 되어보기' 해볼까?" 하니, 희람이가 "비다! 해다! 그 놀이죠?"라고 말해요. 아무래도 제가 낸 놀이 책을 읽었나 봐요. 아이들에게 각자 지렁이가 되어 자기 집을 만들라고 했어요. 처음에는 따로 떨어져서 다른 놀이를 하다가 친구들이 하나둘 자연물로 집을 만들자, 모두 참여해서 나뭇가지나 돌멩이 등으로 집을 만들더군요.

아이들이 생각보다 정성스레 자연물로 집 만들기를 했습니다. 자연물을 만지고 집중해서 만드는 모습이 좋았어요. 각자 하나씩 만들 줄 알았는데, 친구들끼리 방을 이어 세 명이 커다란 방을 쓰더군요. 큰 방이 세 개 만들어졌어

요. 희람이, 가온이, 선우는 눕기도 했지요.

놀이 방법은 간단합니다. 술래가 "비다!" 하고 외치면 지렁이들은 집에서 나와야 해요. 못 나온 지렁이는 술래가 잡죠. 잡히면 술래가 돼요. "해다!" 하고 외치면 지렁이들은 다시 집으로 들어가야 해요. 밖으로 나오면 술래가 잡고요. 아이들이 '쌀 보리 놀이' 할 때처럼 "비다 비다 비다 해다!" 하면서 신나게 잘 놀았습니다. 습도에 민감한 지렁이의 생태를 알려주고 마무리했어요.

홍이랑 윤아, 의진이는 중간에 셋이서 약초차를 만들겠다고 생수병에 풀을 뜯어 넣고, 흙도 넣어보면서 가끔 제게 냄새 맡아보라고 가져옵니다. 같이 놀자고 하고 싶었지만, 아이들이 이렇게 노는 것을 좋아하면 놔두는 것도 괜찮지 싶어서 그냥 뒀어요.

마무리는 기차놀이를 했습니다. 먼저 통나무로 정류장을 만들고 모두 그 안에 들어가요. 몸풀기로 희람이가 기관사가 되어 "이 숲에서 볼 수 있는 동물 이름 대기" 하고 반환점을 향해 칙칙폭폭 출발하지요. 기차가 역에 들어오면 아이들은 동물 이름을 대야 합니다. 기관사에게 이름을 댄 사람이 기차에 탈 수 있거든요. 철훈이가 먼저 "다람쥐"라고 외쳐서 희람이 어깨에 손을 얹고 기차가 되어 칙칙폭폭 반환점을 향해 달려갑니다. 역에 도착해서 "땡" 하고 외치면 다른 친구가 동물 이름을 얘기하죠. 그렇게 모두 기차가 되어 반환점을 돌아오는 놀이예요. 이제 본격적으로 기관사가 될 사람을 가위바위보로 정했어요. 진우가 치열한 가위바위보 경쟁을 뚫고 기관사가 됐습니다.

이번엔 "참나무에게 신세를 지는 동물 이름 대기" 하고 출발했어요. 기관사 진우가 "참나무"라고 외치며 달려가고, 이후에 철훈이와 선우, 가온이, 민준이, 홍이, 윤아, 의진이가 다람쥐, 청설모, 벌, 올빼미, 딱따구리, 매미 등 동물 이름을 대면서 기차를 탔어요. 희람이가 맨 마지막인데, 이름을 못 대서 기차가 그냥 갔지 뭐예요. 조급해진 희람이가 "낙엽"이라고 외쳤어요.

"희람아, 동물이야. 낙엽을 먹는 애는 없을까?" 살짝 힌트를 주니까 "아, 생각났어요. 지렁이! 참나무 잎이 떨어지면 지렁이가 그걸 먹으니까 신세를 진 거죠?" 하네요. 다시 기차가 왔을 때 "지렁이"를 외치고 마지막으로 올라탔습니다. 아이들은 제가 생각한 것보다 훨씬 재밌게 놀아요. "KTX다!" 하면서 빨리 뛰어가기도 하고, 아주 천천히 오기도 하며 기차놀이를 즐기더라고요.

참나무 한 그루에 찾아오는 동물이 아주 많아요. 다른 식물과 동물도 그렇게 관계를 맺고, 사람도 마찬가지죠. 그런 관계에 대한 이야기를 해주면서 전체 수업을 마무리했습니다.

오늘도 준비한 놀이보다 현장에서 아이들이 원하는 놀이로 변경해서 진행했네요. 그러면서 저도 많이 배우고 느꼈어요. 놀이 규칙이나 시간을 정하지 않고 아이들이 스스로 만들어갈 자리도 두면 좋겠다는 생각이 들었습니다.

덧글

'다른 나뭇잎 찾기'를 하고 나서 줄을 정리할 때 아이들이 그 줄로 놀고 싶어했다. 그런 때 아이들에게 줄을 건네주는 것이 전에는 왜 그리 어려웠는지. 막상 줄을 주고 나니 아이들이 알아서 신나게 놀았다.

강사는 준비한 교구를 가지고 수업하며 자기 의도대로 아이들을 이끌고 싶어한다. 그것이 잘될 때 뿌듯해서 내려놓기가 쉽지 않다. 일단 내려놓으면 아이들은 지금껏 보아온 것과 다른 눈빛으로 훨씬 자유롭게 논다. 이날도 그것을 느꼈다.

'지렁이 되어보기'는 습도에 민감한 지렁이의 생태를 간단히 알려주려고 한 놀이다. 실제로 해보니 아이들이 자연물로 자기 공간을 만드는 데 집중했고, 단순한 놀이지만 신나게 즐겼다. 내가 생각한 것과 달리 아이들은 그렇게 노는 것을 더 좋아했다.

여자아이들 몇 명이 약초차를 만들겠다고 하는 것도 몇 해 전이라면 말렸을 텐데, 그냥 두고 오히려 같이 이야기하는 모습이 보인다. 아이들 위주로 수업하기 시작했다고 할까?

'기차놀이'는 생태계의 관계성을 알려주려고 만들었는데, 아이들은 관계성도 생각하지만 단순한 놀이를 즐기며 그 안에서 자기들의 규칙을 만들거나 확장한다. 아이들은 그런 놀이를 즐기는데, 어른은 자꾸 가르치려고 한다. 나도 이때부터 조금씩 깨달은 것 같다.

2010년 10월

날씨가 이렇게 좋은 날은 담아두었다가 나중에 다시 느껴 보고 싶은 마음이 듭니다. 제가 정오 무렵에 움직여야 해서 조금 일찍 나섰어 요. 진우랑 선우를 기다리지 못하고 출발했는데, 다행히 놀기 시작할 때 도착 했어요.

첫 번째는 '청개구리 되어보기'를 했습니다. 눈치 빠른 분은 짐작하겠지만 제 가 말한 것과 반대로 행동하는 놀이예요. "나무에 오르지 말기" 하면 나무에 오 르는 거죠. 오랜만에 숲에 왔으니 나무도, 바위도 한 번씩 안아보자고요.

제가 간단히 시범을 보이고 나서 두 가지씩 돌아가면서 거꾸로 하는 문제 를 내보라고 했어요. 별것 아닌데 아이들은 이런 기회를 얻고 싶어 해요. "저 도 할래요" "저도요" 이렇게 흥미를 보이면 오늘 놀이도 성공이죠.

살짝 숲과 친해졌는데 의외로 아이들이 깊이 있는 교감을 원하더라고요. 나무에 더 오래 매달리려고 하고, 바위에 더 편히 누우려고 했어요. 그래서 두 번째 놀이는 '내 친구를 소개합니다'를 했습니다.

각자 숲 속에서 마음에 드는 친구 하나를 정하라고 해요. 아이들은 저마다 정한 자연물을 꼭 껴안고 매달리고 올라타지요. 아이들이 숲에서 자연과 거리 낌 없이 스킨십 하는 모습이 참 보기 좋습니다. 자연물 친구와 교감했다면 이 제 그 친구의 이름을 지어주는 거예요.

홍이는 잣나무 이름을 '오돌토돌이'라고 지었고, 윤아는 다른 잣나무를 '버 팀이'라고 불렀어요. "왜 버팀이야?" 하니, "이 나무는 겨울이 와도 초록 잎을

그대로 달고 추위를 견디니까 버팀이라고 지었어요"라고 야무지게 대답하네요. 철훈이는 단풍나무 이름을 '장난꾸러기'라고 지었다가 '짠돌이'로 바꿨어요. 선우는 '바위돌이', 희람이는 선우가 버린 작은 돌을 자기 친구로 삼아 '숨은바위'라 불렀고, 진우는 V자로 갈라진 단풍나무에게 '태권브이'라는 이름을 지었어요. 민준이는 '원숭이', 가온이는 '똥돌이'라고 이름 지었고요.

자기 친구 외에 다른 친구들의 친구도 이름을 알면 좋겠다고 하니, 모두 돌아다니면서 이 나무 저 나무 살펴봅니다.

"이 나무는 V자로 갈라져서 태권브이라고 했구나." 희람이는 이름의 유래를 혼잣말로 중얼거리면서 외웁니다. 자연물 친구 이름을 다 외운 듯해서 이름표를 떼어 오라고 했어요. 윤아가 혼자 안 가져와요.

"윤아야, 뭐 하니?"

"버팀이하고 이야기해요."

"버팀이가 뭐래?"

"제가 말 걸고 있었어요."

"그랬구나. 이제 너도 이름표 떼어 와라."

윤아는 문학소녀 같아요. 버팀이라는 이름을 지을 때도 그렇고, 나무랑 대화를 시도하는 것도 그렇고…. 자연과 깊이 친해지려는 윤아를 제가 방해한 것 같아 미안했어요. 나중에 윤아가 한 방법으로 자연 친구와 대화하라고 해 봐야겠어요.

이름표를 돌에 죽 붙여놓고 술래잡기를 했습니다.

"자, 선생님이 부른 친구에게 모두 가서 붙어야 해. 아니면 잡을 거야. 시작한다, 짠돌이!"

아이들이 짠돌이에게 달라붙습니다. 이 놀이도 제가 시범을 보이고 아이들이 진행했어요. 생각보다 재밌어하더라고요. 재밌어하는 놀이는 정해진 시간보다 길게 진행해도 됩니다. 한참 놀다 보니 시간이 꽤 지났어요.

잠시 집중하는 놀이를 하고자 상자를 꺼냈습니다. 상자에 아이들 몰래 나뭇잎을 한 장 넣고 뚜껑을 종이테이프로 붙였어요.

"이 안에 뭔가 하나 넣어뒀는데, 그게 뭔지 맞히는 놀이야. 물론 뚜껑을 열지 않고 맞혀야겠지?"

"흔들어보면 알 것 같아요."

"들어보고 무게로 맞힐 수 있지 않을까요?"

아이들이 자신 있는 모양이에요. 저마다 흔들어보더니 자연물을 한 가지씩 찾아옵니다.

"하나 둘 셋 하면 손바닥에 있는 걸 함께 보여주는 거야. 자, 하나 둘 셋!"

나무토막이 대부분이고 세 명이 나뭇잎을 가져왔어요. 그중에 맨 처음 가져온 희람이가 다음 문제를 냈지요. 숲 속에서 주운 사금파리를 넣어서 아이들을 헷갈리게 하더군요. 철훈이와 선우가 함께 문제를 내기로 하고 뭔가 바스락거리는 걸 주워 왔는데, 알고 보니 은박지 쓰레기였어요. 정답을 맞힌 친구가 없었죠.

여러 가지 자연물을 상자에 넣고 흔들면서 크기나 종류에 따라 다른 소리가 나는 것을 알려줬어요. 눈으로 보지 않고 듣는 것만으로도 상상해서 근접한 무엇을 맞힐 수 있답니다. 정답을 맞히는 것보다 아이들이 잠깐이라도 집중하고 조용히 귀 기울이는 게 중요해요. 머릿속으로 내용물을 상상하는 것도 도움이 되고요.

잠시 간식을 먹고 마지막으로 '숲 속 릴레이'를 했어요. 간식을 먹는 동안 저는 주변을 살펴보고, 아이들이 찾아올 만한 것을 종이에 적었습니다.

'밤송이, 노란 꽃, 버섯, 노란 잎'이에요. 두 모둠으로 나눠서 각각 번호를 정하고, 자기 번호에 해당하는 자연물을 지퍼백에 담아 와서 다음 사람에게

넘겨주면 됩니다. 시간이 넉넉지 않아 한 번으로 마치고, 각각의 자연물에 대해 설명해줬어요.

모두 가을을 느낄 수 있는 자연물이에요. 그냥 말로 하는 것보다 직접 돌아다니며 찾아보면 숲을 더 가까이 느낄 수 있어요. 다음 달에는 더 깊어진 가을 숲에서 수업을 하겠네요. 그때는 좀더 긴 시간 놀지요.

덧글

'청개구리 되어보기' '내 친구를 소개합니다'를 통해서 아이들이 자연과 교감하기 좋아한다는 것을 새삼 알았다. 아이들이 자연과 가깝게 해주기 위해서 이런 교육을 진행한다고 생각했는데, 오히려 어른인 내가 자연과 거리가 멀었다.

나무에 붙인 이름표를 떼어 오라고 했을 때 윤아가 잠시 머뭇거리면서 그 나무와 대화하는 장면은 나를 창피하게 했다. 아이는 자연과 이야기하며 친해지려는데, 강사가 수업을 진행하겠다고 얼른 이름표를 떼어 오게 했으니…. 모든 아이들이 윤아와 같지 않아도 윤아처럼 나무와 대화하는 시간을 줬으면 어땠을까 싶다.

이후에는 이 놀이를 할 때 맘에 드는 자연물을 찾고, 그 자연물을 껴안고 대화도 나눠보라고 한다. 내가 윤아에게 배운 것이다. 지나온 시간을 가만히 돌아보면 아이들을 가르친다고 숲에 데려갔지만, 오히려 내가 아이들에게 많이 배웠다.

2010년 11월

날이 좀 쌀쌀해도 하늘은 맑았습니다. 단풍철이라 그런지 남한산성 올라가는 길이 조금 막혀서, 10분 정도 늦게 시작했어요. 지난달에 이름 붙여준 자연 친구들이 잘 있는지 확인해보기로 했어요.

"바위돌이는 그대로인데, 희람이 형 숨은바위는 안 보여요."

"똥돌이도 그래도 있어요."

"선생님, 오돌토돌이가 안 보여요. 어? 있네!"

제각기 자기 나무나 돌을 찾아서 올라타기도 하고, 안기도 합니다. 새로 온 용범이는 돌멩이에게 '개구리', 진영이는 잣나무에게 '키다리'라는 이름을 지어 줬어요. 다음에 올 때도 그 친구들이 그대로 잘 지내기를 바라며 첫 번째 놀이를 시작했습니다.

칡으로 하는 놀이예요. 아이들이 걷다가 칡을 발견했거든요. 잎이 거의 지고 나니 칡덩굴이 많이 보였어요.

"이것의 이름은 뭘까요?"

"칡이오!"

"음… 그렇다면 이건 나무일까요, 풀일까요?"

"나무요!"

칡은 다른 나무를 감고 올라가야 하기 때문에 딱딱하면 안 돼요. 부드럽고 감촉도 좋아요. 자연에 나오면 가급적 아이들이 나뭇잎이나 가지, 나무껍질, 흙, 돌멩이 등을 만질 수 있게 유도하는 편인데, 이번엔 칡이 그 주인공이에요. 먼저 칡을 잘라서 고리를 만든 다음, '고리 던지기 놀이'를 했죠. 아이들이 저마다 고리를 만들어달라고 아우성이네요.

"그냥 잘라줄 테니 너희가 만들고 싶은 것을 만들어봐."

예전에는 칡뿌리는 먹고, 줄기는 밧줄 대용으로 쓰고, 종이도 만들었다고 이야기해줬어요. 의진이가 밧줄을 만들겠다고 친구랑 잡고 빙글빙글 돌려가면서 완성했죠.

민준이도 밧줄 만들기가 재밌었는지 밧줄을 계속 들고 다니더라고요. 철훈이와 가온이, 선우도 칡을 잘라달라고 하네요. 진우와 용범이는 말이 통하는지 잠시 둘만의 시간을 보냈어요. 윤아와 홍이는 오늘도 저쪽으로 가서 소꿉놀이를 해요. 그냥 두었어요. 저마다 재밌는 게 다르니까요. 왕관도 만들고, 목걸이

도 만들고, 밧줄도 만들고, 부메랑(고리를 그렇게 부르더라고요)도 만들고… 칡을 가지고 놀다가 잠시 기분 전환도 할 겸 찾기 놀이를 하자고 제안했어요.

두 번째 놀이는 '숲 속 빙고'입니다. 작년인지 재작년인지 정확히 기억은 안 나지만 종이에 칸을 나눠서 발견한 것을 동그라미 치고 놀았는데, 이번에는 조금 다르게 했어요. 준비한 상자에 글을 써놓고, 그것에 해당하는 자연물을 찾아오라고 했죠. 따로 일러주지 않았어도 두세 명씩 다니면서 해당하는 자연물을 찾더라고요.

숲 속 빙고는 숲을 다양하게 바라보는 눈을 길러줍니다. 물론 항목을 잘 설정해야 해요. 이파리만 잔뜩 써놓기보다 이끼나 버섯, 깃털, 거미줄 등 다양한 것을 적는 게 좋죠. 오늘은 아이들이 직접 찾아야 해서 거미줄은 넣지 않았어요.

"솔방울하고 빨간 열매만 못 찾았다."

"어? 빨간 열매 저쪽에서 본 거 같은데…." 한 아이가 말하자, 찾아보자고 몰려가요.

"어? 저기서 솔방울 본 거 같은데…." 또 우르르 가서 솔방울을 따요. 가져 온 걸 보니 지난번 비바람에 쓰러진 잣나무에 달린 어린 솔방울이에요. 소나무가 없고 잣나무가 많으니 정답으로 인정해줬죠.

"여기 있는 것만 잘 봐도 이 숲의 모습을 알 수 있어. 땅도 보고 하늘도 보고 여기저기 둘러보면서 다녀야 숲을 더 많이 볼 수 있단다"라고 간단히 말해주었어요. 제가 말한 것보다 직접 찾으러 다니면서 많이 느꼈을 테니까요.

간식을 먹고 나서는 바람이 불고 바닥에 나뭇잎도 많아서 '나뭇잎 날리기'를 했어요. 먼저 나뭇잎 한 장씩 찾아오라고 했습니다. 바닥에 널린 게 나뭇잎이니 아무거나 줍더라고요.

"자, 이제 날려!"

모두 휙 던져요.

"자, 이제 찾아와!"

"네? 어떤 건지 모르는데…."

"그러니까 어디 던져도 잘 찾아낼 수 있게 나만의 나뭇잎을 골라봐."

날리기 전에 깃발을 만들기로 했어요. 뭔가 하는 것처럼 해보려고요. 각자 주운 막대기에 종이테이프로 깃발을 만들어서 이름을 써줬어요. 바닥에 돌멩이로 원을 그리고, 그 안에서 한 명씩 나뭇잎을 날린 다음, 떨어진 위치에 깃발을 세우는 거예요. 제가 나중에 줄자로 거리를 재기로 했고요. 가온이, 철훈이, 선우, 홍이 순서로 했는데 철훈이가 가장 멀리 날렸어요. 150cm.

아이들이 한 번 더하재요. 이번에는 아이들이 바람이 불기를 기다렸다가 날려요. 두 번째는 가온이가 가장 멀리 날렸어요. 재보니 350cm가 넘네요. 2위, 3위도 300cm가 넘었어요.

그러고 나서 바람에 날아가는 열매를 찾아봤습니다. 아까시나무 열매가 보이더군요.

"이게 뭘까?"

"콩이오."

"콩처럼 생겼지? 이건 아까시나무 열매야."

아까시나무 열매는 콩처럼 생겨서 다른 콩과 식물처럼 꼬투리가 터지면서 씨앗이 멀리 갈 거라 예상하지만, 살펴보면 씨앗들이 꼬투리에 붙어서 잘 떨어지지 않아요. 그리고 꼬투리가 아주 얇고 가볍죠. 바람에 날리면 빙그르르 돌면서 날아가요.

"이건 바람을 이용해서 멀리 가는 작전을 쓴단다. 그러니까 바람을 잘 타야겠지? 이런 열매 말고도 다른 작전을 쓰는 열매들이 많아. 어떤 게 있을까?"

"사람 몸에 붙어서 가는 것도 있어요."

"동물이 먹는 것도 있어요."

"맞아! 그럼 이 도토리는?"

"도토리는 데굴데굴 굴러가요."

　도토리가 나온 김에 제가 새로 제작한 교구 '도토리야 굴러라'를 이용해서 놀이를 해보기로 했어요. 나뭇잎 한 번 날리고 따로 놀러 간 윤아와 홍이도 불러서 모두 함께했죠.

　보자기 끝을 잡고 펼치면 여러 동물 그림이 나와요. 사람을 포함해서 모두 도토리를 먹는 동물이에요. 먼저 도토리를 각각의 동물에게 먹여봤어요. 도토리를 굴려서 동물 입에 대보는 거죠. 이렇게 많은 동물이 도토리에 의지해서 살아간다는 것을 얘기해줬어요.

　도토리가 싹이 나기 위해선 그 동물들을 피해서 굴러가야 하니까, 이제 동물에 닿지 않고 도착점에 와보기로 했습니다. 쉽지 않은 놀이죠. 아이들은 잘 하다가도 그림에 자주 닿으니 흥분하고, 막 장난을 해요. 다섯 번 정도 시도했는데 몇 번은 바닥에 떨어뜨리고, 그림에 닿아서 모두 실패했어요.

　"오늘은 흥분해서 그런지 조심하지 않는구나. 숲에서도 도토리가 제대로 싹이 나긴 쉽지 않아. 다음 기회에 차분히 성공해서 도토리가 싹을 틔우게 해보자" 하고 마무리했어요. 이 놀이에선 많은 것을 설명할 수 있지만, 아이들에게 복잡한 이야기는 하지 않기로 했어요. 놀다 보면 어느 정도 감을 잡지요. 이 놀이에서 중요한 것은 관계성입니다. 서로 상의해서 하고, 자연스럽게 협동하거든요.

　"이쪽 길은 좁으니까 이쪽으로 가보자" "거긴 좀 높으니까 낮춰서 시작하자" "그냥 팽팽하게 하고 시작해보자" 등 의견을 주고받아 좋은 것을 선택하고 실행에 옮기죠. 저는 요즘 아이들이 의견을 주고받는 과정에 어려움을 많이 느낀다고 생각해요. 그래서 놀이할 때는 가급적 강사의 의견을 줄이고, 아이들이 각자 생각을 이야기하거나 친구들과 의논하게 유도합니다. 가능하면 여럿이 의논하는 기회를 더 주고 싶어요.

날씨가 좀 쌀쌀하고 푸른색을 잃어 생기도 없어 보이지만, 겨울을 준비하는 숲에서 편안히 수업하고 내려왔습니다.

덧글

아이들이 지난번에 이름 지어준 자연물 친구를 다시 찾고 안부를 살폈다. 자연과 친구가 되는 것이 '내 친구를 소개합니다'의 장점이다.

흙을 이용한 놀이나 '나뭇잎 날리기'는 준비 없이 현장에서 발견된 것을 이용했고, '숲 속 빙고'와 '도토리야 굴러라'는 준비한 놀이다. 특히 '도토리야 굴러라'는 가을이 깊어지면서 도토리 이야기를 하려고 준비했는데, 실제 놀이할 때는 아이들이 흥분하고 장난치느라 제대로 못 했다. 내가 만든 교구지만 사용법을 제대로 익히지 못한 것이다.

아이들에게도 그 교구와 친해질 시간을 충분히 줬어야 한다. 동물에게 먹이를 주자고 그냥 도토리를 굴려보기도 하며 충분히 보자기와 친해졌을 때 동물을 피해서 싹 틔우기 놀이를 하면 더 잘했을 것이다. 잘하게 하는 것이 목적은 아니지만, 아이들이 처음부터 잘 안 되면 흥분하거나 싫증을 내기 때문에 단계별로 진행하는 게 좋다. 이런 시간을 통해 또다시 배운다.

이야기 셋

자연스럽게 놀다

2011~2012

이 시기부터는 수업 준비를 따로 하지 않고, 아이들이 숲에서 편히 놀게 두었다. 때와 장소에 따라 아이들이 발견하는 것이나 관심을 보이는 것에 대해 함께 이야기하고, 질문에 답하고, 눈을 마주치며 아이들이 스스로 생각할 수 있도록 기다리는 것이 더 좋은 강사임을 깨달았기 때문이다.

이 시기 뒷부분에는 그런 노력이 많이 보인다. 숲 체험 교육을 하고자 하는 해설가나 강사, 부모님에게도 어려워하지 말고 편히 수업에 임하라고 말하고 싶다. 그런 마음으로 부끄럽지만 후기를 공개하는 것이다.

이 시기의 글에는 덧글이 길지 않다. 앞서 얘기한 부분이 많아 간략히 적었다. 이런 수업 방식도 앞으로 몇 년이 지나면 부족하다고 느낄지 모른다. 하지만 내가 하는 최선의 수업이 지금의 수업 형태다. 부족하지만 여러분에게 도움이 되길 바란다.

2011년 3월

놀이 수업을 하면서 계속 드는 생각이 있어요. '혹시 아이들을 억지로 놀리는 건 아닐까?' '놀이 프로그램을 만들고 진행하지만, 한편으로는 내가 만든 놀이를 아이들에게 강요하는 건 아닐까?' 취지와 의도가 좋아도 억지로 노는 것은 그다지 즐겁지 않을 테니까요. 그래서 올해는 그동안 진행해온 것보다 훨씬 자연스럽게 놀아보기로 했습니다.

제가 먼저 이끌지 않고 아이들이 하는 대로 따라가는 거예요. 물론 중간에 조언을 하거나 질문에 답하고, 적합한 놀이 방식을 제안했지요. 하지만 적극적인 개입은 가급적 피했습니다. 아이들도 훨씬 신나게 놀고, 저도 마음이 편했어요. 첫날이라서 1년 동안 수업할 곳을 답사하고 새로 참여한 아이들의 성향을 파악하는 게 목적이었지만, 올해는 전반적으로 숲에서 편안하게 노는 것을 목표로 하려고요.

새로 온 아이들까지 총 14명이 함께했어요. 이 아이들과 한 해 동안 숲에서 건강하고 탈 없이 놀기를 바랍니다. 특별한 수업을 하지 않고 산을 오르락내리락하는 것만으로도 아이들이 자연을 느낄 수 있어요. 흙의 느낌, 신선한 공기, 계절에 따라 달라지는 주변 모습, 함께하는 친구들… 이런 것이 좋은 생태놀이라고 생각해요.

"선생님! 그거 해요. 봄 겨울."

철훈이가 지난해 이곳에서 한 놀이가 생각났나 봅니다. 지난해에는 개구리 뜀뛰기를 하면서 '봄 겨울' 놀이를 했는데, 등산객이 많아 그쪽까지 이동하긴

어려웠어요.

그래서 몸도 풀 겸 놀이를 간단히 변형했습니다. 봄과 겨울의 역할은 바꿔가면서 진행했어요. 10여 분 뛰고 나니 아이들이 몸도 풀리고 긴장감도 풀리는 모양이에요. 좀 놀더니 내달리네요. 아이들도 움츠린 몸을 맘껏 펴고 싶었나 봐요. 이렇게 숲길을 내달리는 것만으로도 좋은 활동이라고 생각합니다.

아이들이 막대기를 하나씩 들고 가네요. 칼싸움하거나 장난치지 않아서 그냥 두었어요. 막대기가 자기 수호신이라도 되는 양 소중히 하는 모습이 예쁘더라고요. 한 번 든 막대기는 코스를 바꿔도 버리지 않았어요. 아마 집에 가져간 아이들도 있겠지요?

자연에서 신기해도 집에 두면 무관심해지는 게 아이들인데, 그러고 있진 않을지 모르겠습니다. 그래도 두어 시간 함께한 자연물이니 막대기를 보면 숲에서 한 일이 떠오를 거예요.

지난해 태풍에 쓰러진 나무를 톱으로 다 잘라놨네요. 한쪽에 쌓아둔 것도 많고, 등산객이 쉬면서 앉기 위해 꺼내놓고 간 흔적도 보여요. 아이들이 그 위에서 놀기에, 나무토막을 길게 늘어놓고 노는 게 어떨까 제안했어요. 바닥에 발이 닿지 않고 흔들리는 통나무 위로 이동하는 놀이입니다. 마지막으로 통나무를 밟아본 게 언제쯤일까요? 자연에 가지 않으면 거의 겪지 않는 일이죠.

한 달에 한 번이라도 이렇게 나오면 껍질이 있는 나무와 그렇지 않은 나무, 소나무와 아까시나무의 다른 점 등을 발바닥으로 느낄 수 있습니다. 균형 감

각도 키우고요.

여러 코스를 만들고, 무거운 건 함께 들며 창의적인 방식으로 놀이를 이어 갑니다. 저는 아이들이 놀 때 위험한 곳에서 넘어질 것을 대비해서 지켜보기 만 했지요.

간식을 먹는데, 진영이와 유정이가 '통나무다리 건너기' 하는 장소에서 주 운 깃털과 솔방울로 요술봉(?) 비슷한 걸 만들어 자랑합니다. 두 개를 꽂아서 토끼 같다고 하더니 세 개를 꽂고 막대기까지 연결해서 요술지팡이를 만들었 네요.

깃털을 주워서 "왜 깃털들이 모양이 달라요?" "누구 깃털이에요?" "이 깃털 은 왜 이렇게 뾰족하고 양쪽이 다르게 생겼어요?" 여러 가지 질문을 해서 대 답해줬어요. 제가 미리 답사해서 보여주기보다 현장에서 아이들이 주운 것, 예쁘다고 여기는 것, 신기해하는 것에 대해 질문하고 답하는 시간이 편안하고 자연스러웠습니다. 물론 언제든지 멋진 답을 하기 위해 공부해두는 게 좋지 요. 사실 몰라도 되고요.

큰길로 가다가 윤아가 발견한 오솔길로 접어들었는데, 아주 큰 나무가 쓰 러져 베어놓은 게 보였어요. 진우가 "이 나무는 몇 살쯤 됐을까요?" 묻기에 세 어보라고 했어요. 30개 정도 세다가 많아서 못 세겠대요. 희람이가 다시 도전 하더니 중간에 포기하네요. 두 아이는 집중력과 인내심이 강하다고 여겼는데, 나이테가 뚜렷하지 않아서 그런지 끝까지 못 세더라고요.

제가 얼른 세어보니 80~90개 되는 것 같아요. 진우가 "완전 할아버지네요" 하더니 "나무는 백 살이 되어도 사람으로 치면 스무 살 정도죠?"라고 물어요. 정확하지는 않지만 대략 그렇다고 답하고 "나무마다 다르지 않겠니?" 하며 얼버무렸어요. 이런 마무리가 좋은 것 같아요. 자연에는 다양한 것들이 있어요. 그런 다양성을 끌어와서 정확한 답을 할 수 없는 이유를 대신했죠. 정말 자연에는 100% 정답이 없지 싶어요.

쓰러진 나무를 보더니 아이들이 막 오릅니다. 나무에 오르기는 선우가 항상 1등이죠. "야, 나무가 완전 너희 놀이터구나!" 하니, 선우가 "네, 정말 놀이터 같아요"라고 해요. 올해는 이곳에서 많이 놀아야겠어요. 쓰러진 나무가 많고, 바닥도 푹신하거든요.

한 명이 오르면 다 오르죠. 그래서 무리 지어 노는 게 좋고요. 나머지 아이들은 옆에 있는 다른 나무에 오릅니다. 형이지만 나무에 오르길 겁내던 희람이는 지난해 맹산에 다녀온 뒤 제법 잘 올라요. 아이들이 자꾸 질문을 해서 사진에 담지는 못했네요.

까만 똥을 많이 발견했어요. 누구 것일까요? 아이들에게 고라니 같다고 말해줬어요. 아래 나무에 뚫린 구멍은 딱따구리가 낸 것이지요. 죽은 나무에 사는 애벌레를 먹기 위해 딱따구리가 쪼아댄 흔적입니다. 보이지 않아도 흔적으로 동물이 있다는 걸 알 수 있어요. 이 숲에는 딱따구리와 고라니가 삽니다.

배가 고픈지 아이들이 달려 내려가더군요. 지난해 참여한 아이들이 한 지

점에서 멈췄어요. '내 친구를 소개합니다'를 한 곳이에요. "선생님! 나무를 옮겨 심었나 봐요. 제 친구 버팀이가 저기 있었는데 여기로 왔어요." 윤아가 베인 걸 모르고 커다란 나무를 어떻게 옮겨 심었는지 궁금해하네요. 진우와 희람이가 그 자리가 아닌 것 같다고 하자, 홍이에게 다시 확인했어요. 홍이도 처음엔 자기 나무 친구 오돌토돌이 위치를 잘못 알았는데, 희람이 말에 수긍하고 베인 것을 아쉬워했습니다. 그나마 아이들이 따로 이름을 지어주고 개울물도 길어다준 '작은나무'는 베이지 않아 기뻐하더라고요. "다음 달에 또 올게" 인사하고 내려왔습니다.

　많은 프로그램을 진행하지 않고, 한 해 동안 수업할 장소를 답사하듯이 둘러보았어요. 그 장소마다 보이는 것에 아이들이 반응하는 대로 함께 놀았고요. 아이들에게 조금이라도 강제하지 않아서 다행이에요. 앞으로도 가급적 자연스럽게 놀 겁니다. 이른 봄이지만 날씨가 따뜻해서 봄기운을 느낄 수 있었어요. 다음 달엔 성큼 다가온 봄을 만끽하길 기대합니다.

덧글

놀이는 크게 자율 놀이와 기획 놀이로 나눌 수 있다. 자율 놀이는 말 그대로 교사나 부모가 관여하지 않고 아이들이 맘껏 자유롭게 노는 것이다. 예를 들면 달리기, 흙 파기, 돌멩이 던지기, 막대기 던지기, 나무 타기 등이다. 기획 놀이는 아이들 행동과 생각이 강사가 의도한 방향으로 따라오길 바라는 것이다. 그러다 보니 규칙이 정해지거나, 모둠이 나뉘거나, 술래가 정해지고, 놀이 도구(교구) 가 사용되기도 한다. 숨바꼭질이나 자치기도 기획 놀이다. 배우지 않으면 하기 어렵다. 기획 놀이가 나쁘지는 않지만, 아이들은 자율 놀이를 할 때 훨씬 자연과 친해지고 즐거워하고 행복해했다. 자율 놀이 시간을 많이 늘려보기로 한 것도 이 때문이다.

숲 놀이를 진행하는 교사나 부모님이 갖춰야 할 것은 여러 가지 놀이를 배우 거나 다양한 동식물의 이름을 가르쳐주는 것이 아니라, 아이들을 가만히 숲에서 놀리고 아이들이 하는 행동을 하나하나 읽어내는 것이다. 아이들을 관찰하고, 아이들이 지금 어떤 활동을 하면서 어떤 이야기를 하고 어떤 생각을 하는지 읽 어내고, 질문하면 적절히 대답해주고, 좀더 깊이 있고 다양하게 유도해주면 된 다. 물론 그것이 쉽지는 않다. 그래도 먼저 해야 할 일은 아이들을 놀게 두고 관 찰하는 것이다.

이날도 아이들이 하는 대로 두고, 하자는 대로 했다. 아이들이 즐거워하고 나 도 편안했다. 앞으로도 이런 방향으로 수업하려고 한다. 물론 지금껏 해오던 것 을 한순간에 바꾸기는 쉽지 않다. 자율 놀이를 많이 해야겠다고 생각하고 접근 하는 것만으로도 발전했다고 생각한다.

2011년 4월

오늘도 날씨가 참 좋았어요. 제가 자주 일컫는 '황금 같은 날씨'였지요. 이번 수업에는 전부터 참관 의사를 밝힌 '나비' 선생님이 오셨어요. 박사 논문 준비 중인데, 우리 아이들이 노는 모습을 관찰하고 느낀 점이 나름의 연구 성과가 되어 논문에 반영될 듯합니다. 아이들과 부모님들이 흔쾌히 허락해주셔서 감사한 마음으로 수업을 했어요.

먼저 남한산초등학교 놀이터에서 모여 편하게 놀았어요. 이동할 때도 자유롭게 합니다. 작년, 재작년에 함께한 친구들 덕분에 길을 잃지 않고 갈 수 있지요. 후다닥 내닫는 아이들은 두고, 뒤에 처져서 친구들과 두런두런 얘기하는 아이들 틈에 끼어 걸었습니다. 대화 내용은 얼마 전 벌어진 일, 컴퓨터 게임 이야기가 대부분이더군요.

수업 초반에 길게 설명하거나 과제를 내주지 않고 현절사 앞까지 무작정 걸었어요. 아이들이 수업에 압박을 받지 않고 편히 산행하는 기분으로 올랐으면 하는 마음에, 얼마 전부터 일정 거리를 그냥 걷는 것으로 앞부분 수업을 진행합니다.

큰길에서 현절사로 들어가는 산길에 다다르자, 앞서 간 아이들이 돌아보며 제가 오길 기다립니다. '이 길이 맞지요?' 하는 눈빛으로 저를 보네요. '거기가 맞아'라고 손짓하니, 안심하고 도란거리며 다시 걸었어요. 아이들은 가만히 두면 이런저런 얘기를 하고 주변을 둘러보면서, 간혹 질문할 거리가 생기면 질문도 하고, 막대기를 주워서 장난도 쳐요. 특별히 위험해 보이지 않으면 그

냥 둡니다.

현절사에 다다르면 바위가 있어요. 그 바위에 잠시 앉아 퀴즈를 내야겠다고 생각하는 순간, "선생님 10분간 쉬어요. 막 걸었더니 더워요" 하네요.

"그러자. 10분 휴식!"

쉬는 동안 진우가 물었어요. "선생님, 이게 무슨 나무예요?" 나무가 신기하게 생겨서 궁금하대요.

"이 나무가 궁금하면 바닥에 떨어진 나뭇잎부터 살펴봐. 분명히 이 나무의 잎이 있을 거야."

그러자 바닥을 찬찬히 봐요. 은행잎, 느티나무 잎, 단풍잎이 있네요. "음, 은행나무는 아닌 것 같아요. 이렇게 생기지 않았으니까요. 그럼 둘 중 하난데, 제가 볼 때는 나무의 전체적인 느낌이… 이것 같아요" 하며 느티나무 잎을 골랐어요. 아니라고 하니, "그럼 단풍나무네요" 하더라고요. 그 나무는 마주나기 하는 단풍나무예요. 새순이 발갛게 부풀어서 나오려고 하는 모습이 신기했나 봐요.

10분간 쉬기로 했는데 아이들은 저마다 흩어져서 언덕을 오르고, 전에 친구로 정한 나무들 안부를 살피기도 했어요. 윤아는 버팀이 대신 다른 나무를 골라 '초록이'라고 이름을 지어주고, 올해 시작하는 윤정이에게 '내 친구를 소개합니다'를 가르쳐주네요. 민준이는 자기 친구 나무에 올라가서 우정을 나누고, 선우도 친구 바위에 올라가 바위돌이의 안부를 확인해요. 가온이는 "어?

내 친구 바위가 어디 있더라…" 하고 두리번거려요. 제가 가방을 올려놓아서 못 찾았나 봐요. 가방을 치우니 그제야 발견하더라고요.

아이들은 지난해 진행한 놀이인데도 잊지 않고 자기 친구를 챙겼어요. 제가 가온이의 친구 바위에 앉아서, "1분 뒤에 퀴즈를 낼 거야. 좀더 놀다가 선생님 앞으로 모이세요" 했어요. 1분 뒤에 퀴즈를 냈지요.

"지금은 어느 계절일까요?"

말이 떨어지기 무섭게 "봄이오"라고 해요. "맞아, 봄인 건 쉽게 맞힐 수 있지? 그렇다면 왜 봄일까? 여기 숲에서 그 증거를 한번 찾아보자" 하니, 철훈이가 제자리에 선 채로 "3월 21일이 지났으니까 봄이에요"라고 하네요. 학교에서 춘분에 대해 배운 모양이에요. 다른 아이들도 "나무에 새싹이 돋아나니 봄이에요"라며 숲을 둘러보지도 않고 말해요. "일단 숲을 살펴보고 증거를 찾아보자" 하고 숲으로 보냈어요. 하나둘 증거를 찾아내네요.

"여기 봐요, 나무에 싹이 돋아나잖아요."

"여기 풀도 초록색으로 새롭게 돋아나고 있어요."

"날씨가 따뜻해요."

재미난 의견도 있었어요. 아마도 은서가 한 말 같아요. "긴 내복을 입었다가 얼마 전부터 7부 내복을 입어요."

"얼마 전에 봄비가 왔어요"라고 대답한 윤아는 좀 다른 시각에서 봤어요. 봄비도 맞지만 엊그제 온 비니까, 지금 이곳에서 봄의 증거를 찾아보라고 했죠. 윤아가 금세 개울가로 뛰어가더니 "겨울에 언 물이 녹아서 흘러요"라고 대답해요. 역시 윤아는 문학소녀다운 면이 있어요. 그렇게 봄의 증거를 모으는 사이, 몇몇 아이가 긴 막대기를 주워서 '림보 놀이'를 하재요.

한쪽이 좀 무거울 듯해서 제가 그쪽을 잡았어요. 아이들은 림보를 하다가 뛰어넘었다 하면서 막대기 하나로 재미나게 놉니다. 준비한 프로그램을 하기보다 아이들이 현장에서 찾아낸 놀이를 하는 것이 자연스럽고, 아이들도 즐거워해서 그대로 진행했어요. 물론 아이들이 모두 참여하진 않아요. 림보 놀이에 관심을 보이는 진영이랑 선우 등 예닐곱 명만 하고, 나머지는 다른 곳에서 놀았어요.

그런데 갑자기 "선생님!" 하고 다급하게 부르는 목소리가 들렸어요.

"저기 도롱뇽 알이랑 개구리 알이 있어요."

가보니 정말 도롱뇽 알 두 개가 계곡에 똬리를 틀고, 개구리 알은 부침개처럼 냇가에 둥실 떠 있네요. 냇가에 옹기종기 둘러앉아 도롱뇽 알과 개구리 알을 감상했어요.

"선생님 집 근처에 청계천이란 냇가가 있어. 거기에선 이런 알들을 못 봤는

데, 여기는 있네. 왜 도롱뇽은 여기에 알을 낳고 청계천에는 낳지 않을까?"

많은 답변이 나와요.

"거기는 도시라서 여기보다 물이 지저분해요."

"산에서 잠을 자야 해서 산도 필요한데, 거긴 없잖아요."

아이들은 굳이 가르치지 않아도 직감적으로 정답을 아는 모양이에요.

"도롱뇽이나 개구리는 양서류라고 하는데, 왜 그렇게 부르는지 아니?"

"물이랑 산이랑 두 군데에서 살기 때문이에요."

아이들이 모르는 게 없네요. 학교에서 잘 가르치나 봐요. 양서류는 지표종이라고 해요. 양서류가 발견되면 환경적으로 건강한 곳이라고 볼 수 있죠. 물과 뭍이 모두 건강한 지역이니까요.

관찰 도중에 철훈이가 도롱뇽 알을 막대기로 쿡쿡 찔러요. 여자아이들이 입을 모아서 "야, 하지 마!" 외치네요. 윤아가 "너도 엄마 뱃속에 있을 때 누가 찌르면 좋겠니?" 하며 철훈이를 혼냅니다. 그런데 저도 여자아이들이 없었으

면 도롱뇽 알을 만져봤을지 모르겠어요. 신기하잖아요.

"신기하게 생기지 않았니?" 하고 호기심에 가득 찬 눈으로 바라보니, "선생님, 도롱뇽 알은 왜 투명해요?"라고 질문합니다. "글쎄… 왜 그럴까?" 저도 생각해보지 않아서 바로 답을 못 했어요. 잠시 뒤 진우가 "저는 왜 투명한지 알겠어요. 물속에 있으면 잘 안 보이니까 다른 천적에게서 보호할 수 있잖아요"라고 하네요. '아하!' 저를 포함해서 다른 아이들도 그 말이 맞는 것 같다고 느꼈어요. 진우는 가만 보면 호기심도 많고 생각도 깊어요. 다른 아이들보다 형이라서 그렇기도 하겠지요?

홍이와 윤아는 시키지 않았는데도 준비한 기록장에 열심히 그림을 그리면서 관찰 일기를 쓰네요. 유정이도 휴대폰 카메라로 사진을 찍고요. 아마 다른 곳에서 다른 수업을 통해 나름 훈련이 됐는지 모르겠어요. 각자 하고 싶은 방식으로 자연에 접근하고 이해하는 것이 좋아 보여요. 어쩌면 홍이가 그리는 것을 본 다른 아이가 다음 달에 기록장을 가져올 수도 있겠죠?

어느새 시간이 꽤 지났네요. 오늘의 목표는 '비밀 기지 만들기'였어요.

"얘들아, 사실은 오늘 우리가 앞으로 놀고, 모이고, 간식도 먹을 비밀 기지를 만들 생각이었어. 그런데 어디다 만들지 잘 모르겠네. 둘러보고 비밀 기지 만들기 좋은 곳을 찾아보자. 거기가 왜 좋은지도 잘 생각해봐."

아이들을 주변 숲으로 보내고, 저도 두리번거리며 어디가 좋을지 찾았지요. 남자아이들 몇몇은 벌써 자기 비밀 기지라면서 통나무 몇 개를 놓고 그 안에 앉아서 놀아요.

"좀더 멋진 기지를 지어보자. 그리고 우리가 다 들어갈 수 있는 기지를 만드는 게 좋겠다" 하고 다른 곳을 더 둘러봤어요. 아이들은 "여기가 좋지 않을까?" "아냐, 여긴 사람들이 많이 다녀" "여긴 개울가하고 가까워" 등등 의견을 교환하면서 비밀 기지로 만들 장소를 찾더라고요. 그러다가 큰 나무가 쓰러지고 그 뿌리가 지붕 역할을 해주는 곳을 발견했어요. 아이들 모두 그곳이 좋을 것 같다고 해서, 거기를 1년 동안 우리의 비밀 기지로 삼기로 했지요.

배고프니 간식을 먹고, 옷을 걸 곳이나 가방을 둘 곳 등 비밀 기지를 생활하기 편리하게 꾸며보자고 했어요. 먹는 동안 진우가 "우리가 여기를 기지로 써도 될지 자연에게 허락받아야 하지 않을까요?" 하네요. 저도 미처 생각지 못했는데, 아이들에게 의견을 물으니 맞대요. "그럼 어떻게 허락받을까?" 하니 아무 의견이 없어요. 먹느라 정신이 없었을까요? "각자 마음속으로 고마워할래?" 그러니까, "네!" 하네요. 취지는 좋은데 어영부영 넘어가는 듯해서 아쉬웠지만, 그것도 아이들 뜻이니까요.

빨리 먹은 아이들은 쓰러진 나무에 올라타고 노느라 정신이 없어요. 기어오르고, 매달리고, 껴안고, 그 아래에서 놀고…. 어릴 적 시골 동네에서 본 모습이 나오더라고요. 아이들이 신나서 자연에 파묻혀 노는 모습을 보고 정말 기뻤어요.

잠깐 놀고 나서 목표한 대로 비밀 기지를 꾸미기로 했지요. 모든 아이들이 비밀 기지 꾸미기에 참여하지는 않았어요. 강제로 시키고 싶지 않아서 나무를 주워 "여기다 문을 하나 내면 좋지 않을까?" 하고 놓으니, 여자아이들 몇몇이 나뭇가지를 주워다 제가 놓은 옆자리에 두었어요. 그러자 아이들이 비밀 기지 꾸미기에 하나둘 참여하더니, 어느새 모두 나뭇가지를 날랐어요.

큰 나무는 둘이서 함께 들고, 좋은 나무가 있는 곳을 발견하면 친구를 불러 가져오고, 가온이는 나뭇가지를 나르는 대신 입구를 말끔히 정리했어요. 아이

들이 자연스럽게 협동하더라고요. '그래, 협동은 강요해서 하는 게 아니지' 새삼 깨달았답니다.

아이들이 꽤 큰 나무를 발견했어요. 그 나무는 옮기기 어려우니 옆으로 치우자고 하더라고요. "잘라서 사용하면 되지 않을까?" 제안하니, 톱이 없어서 못 자른대요. "여럿이 잡아당겨서 나뭇가지를 찢으면 될 것 같은데… 함께 해볼래?" 하니, 진우랑 홍이 성준이, 은서가 함께 나뭇가지를 잡아당겨요. 아이들이 힘껏 무엇을 하는 모습은 요즘 보기 드물어요. 드디어 나뭇가지가 두 갈래로 찢어졌고, 성취감에 아이들 얼굴이 환해졌어요. 그것을 가져가서 비밀 기지 꾸미는 데 사용했지요.

어느새 시간이 훌쩍 지나갔어요. 점심 먹을 시간이 다 됐는데, 비밀 기지가 완성되지 않았어요. "오늘은 이쯤 하고 다음 달에 와서 더 멋지게 완성해볼까?" 하니, 모두 그러자고 하네요. 나비 선생님이 쓰러진 나무에서 노는 아이들 사진을 찍어줬나 봐요. 아이들이 나무에 오른 자기 모습을 사진으로 담아줬으면 좋겠다고 하더라고요. 마지막으로 다 함께 나무에 올라가 기념사진을

찍고 내려가기로 했어요.

저는 제일 높은 곳에 올라갔어요. "지금은 어렵겠지만, 자주 오르다 보면 여기까지 올 수 있을 거야. 올해가 가기 전에 모두 여기까지 올 수 있으면 좋겠다" 하고 사진을 찍었지요.

내려오는 도중에 홍이와 윤아가 불러요. "선생님, 여기 도롱뇽인지 도마뱀인지 죽었어요."

가보니 도롱뇽이에요. 알을 낳은 어미 도롱뇽이 말라 죽은 게 아닌가 싶어요. "도롱뇽이야. 애들은 피부로 숨을 쉬니까 햇빛에 나와 있으면 말라 죽어."

"포비는 이런 거 먹는데." 홍이가 '미래소년 코난'을 본 모양이에요.

"묻어주자." 홍이와 윤아가 길옆에 도롱뇽 사체를 묻고, 표시도 해요. 다음 달에 그 길을 지나면서 분명히 도롱뇽의 무덤을 생각하겠죠?

별것 아닌 듯해도 그렇게 추억이 쌓이면서 아이들이 자랄 거예요. 놀이는 추억이에요. 남은 기간에도 아이들이 별 탈 없이 신나게 놀며 나무들과 함께 쑥쑥 자라기를 바랍니다.

덧글

아이들이 질문할 때 곧바로 답을 알려주기보다 생각할 수 있도록 유도하는 게 좋다. 생각하는 힘이 길러지고, 스스로 생각했기 때문에 잘 잊지도 않는다.

계곡에서 도롱뇽 알을 관찰하고, 여러 가지 이야기를 나누며 새로운 사실도 알아가는 시간을 보냈다. 그 출발은 관찰이다. 무엇이든 관찰해야 호기심이 자극되고, 토론도 하고, 알 수 있다. 아이들이 숲에서 놀며 스스로 알아간다는 것은 정말 좋은 일이다. 그래서 아이들이 숲을 자주, 자세히, 천천히 볼 수 있도록 해야 한다. 숲만큼 볼 게 많은 곳도 없다.

'비밀 기지 만들기'는 협동심을 자극하는 놀이다. 혼자 하기 버거운 과제를 내주면 자연스럽게 여럿이 할 수 있다. 그런 의미에서 비밀 기지 만들기는 아이들이 즐거워하면서도 의미 있는 활동이다. 다음에 도착점이나 집결지로 사용할 거점이 된다는 것도 좋다.

2011년 5월

황사가 조금 있다고 했지만, 바깥 활동에 지장을 줄 정도는 아니었습니다. 원래 목표는 한 바퀴 돌면서 5월의 숲을 느끼고 싶었는데, 아무래도 비밀 기지 근처에서 노는 게 좋겠어요. 아이들도 그러자고 하네요.

먼저 온 친구들을 데리고 출발했습니다. 도중에 은서와 민준이를 만났어요. 윤아가 철쭉꽃을 따서 길가에 가만히 놓고 가네요. '왜 그러지?' 생각해보니 지난달에 도롱뇽을 묻은 자리군요. 왠지 뭉클합니다.

비밀 기지에 가기 전에 개울가에 들러서, 지난달에 본 도롱뇽 알과 개구리 알이 어떻게 됐는지 확인해보기로 했어요. 한 달이나 지났으니 당연히 부화했겠지요? 아이들이 개울가로 달려갑니다.

"와! 올챙이다!" 진영이가 외칩니다. 까맣고 날렵하게 생긴 올챙이들이 많더라고요. 산개구리의 올챙이 같아요. 산개구리도 여러 종류라서 어떤 산개구리인지 잘 모르겠는데, 아마도 북방산개구리일 거예요. 그런데 아무리 찾아도 도롱뇽의 갓난탈(올챙이)은 보이지 않았어요. 얼마 전 비가 올 때 떠내려갔을까요? 그럼 올챙이도 안 보여야 하는데…. 아니면 벌써 숲 속으로 들어갔을까요? 누가 알을 가져갔을까요? 이런 때는 도롱뇽의 생태를 정확히 모르는 제가 조금 아쉽기도 합니다. 나중에 전문가를 만나면 여쭤봐야겠어요.

"어, 이건 뭐예요?" 아이들이 물가에 떠내려온 것들에 관심을 보였습니다.

"이건 꽃이야. 그런데 우리가 아는 꽃들과 좀 다르지?" 개울가에 은행나무 수꽃이 많았어요. 아이들은 은행나무 수꽃을 본 적이 없으니 모르겠죠?

"여기 떨어진 잎도 있다."

"그건 은행잎이잖아요."

"맞아, 이 꽃이 바로 은행나무의 수꽃이야."

"은행나무는 암나무랑 수나무가 따로 있어서, 마주 봐야 열매가 열린대요."

어디서 들었는지 참 잘 압니다. 꼭 마주 봐야 하는 것은 아니지만, 가까이 있어야겠지요.

"이거 두드리면 노란 꽃가루가 나온다."

"어? 정말이네. 이걸로 그림 그려보고 싶다."

진영이가 기록장에 톡톡 두드립니다. 비밀 기지로 이동하는 중간에 애기똥 풀이 보여서 그것으로도 그림을 그릴 수 있다고 하니, 진영이가 신기해하면서 기록장에 노란 액을 찍어보네요.

"와! 이건 처음 알았어요. 신기해요."

지난번엔 홍이하고 유정이, 윤아가 기록을 많이 하더니, 이번에는 유정이 와 진우, 진영이가 기록장을 가져왔네요. 진영이가 꼼꼼히 정리합니다. 예전 부터 쓰던 기록장 같아요. 잠깐 보니 정리가 잘되었어요. 앞으로 계속 정리하 다 보면 유익한 자료가 될 거예요. 무엇보다 기록하고 정리하는 습관이 아이 들에게 좋은 에너지로 작용하겠지요.

비밀 기지에 도착하니 세워둔 막대기들이 많이 넘어졌지만, 여전히 잘 있 습니다. 잎이 돋아나서 좀더 풍성해 보이더라고요.

아이들이 나뭇가지를 더 가져와서 보강했습니다. 몇몇 남자아이들은 옆에 쓰러진 나무에서 신나게 놀고, 진영이와 진우는 주변 식생에 관심을 보이며 제게 이런저런 질문을 했어요. 홍이와 윤아, 유정이, 민서, 은서는 비밀 기지 보수 작업을 하고요. 그래도 아이들이라서 보수 작업을 마무리하는 데 한계가 있습니다. 지붕 올리기도, 울타리 엮기도 쉽지 않아요. 일단 한쪽 벽면이라도 세우고 출입문을 만들기로 했지요.

아이들을 비밀 기지 안으로 불러 함께 이야기했어요. 특별한 주제를 주지는 않았어요. 아이들이 모이면 자연스럽게 나오는 이야기의 흐름을 쫓아보고 싶었거든요. 비밀 기지 이름을 지어주자는 의견이 나왔어요. 진우가 '나뭇잎 집'이 어떠냐고 했지만 채택되지 않았고, 마땅한 이름을 생각해내지 못하더라고요. 이름은 더 생각해보기로 했어요.

진영이가 벗겨낸 나무껍질을 한 뭉치 보여줍니다. "이 나무껍질이 꼭 기왓장 같아요." 죽은 느티나무 껍질인데, 둥그렇게 쪼개져서 정말 기왓장 같았어요. 옛날 조상들은 굴참나무 껍질로 기와를 대신해서 굴피집을 짓기도 했다고 이야기해주었지요.

선우가 "우리 '문제 내기 놀이'해요"라고 했어요. 제가 먼저 수수께끼를 내고, 아이들이 계속 수수께끼를 내다가 '숲에서 발견할 수 있는 것 찾기'를 했어요. 제가 먼저 냈습니다.

"나는 풀입니다. 꽃은 흰색으로 피어요. 생김새가 마치 별 모양 같아요."

아이들이 사방으로 흩어져서 숲 속을 두리번거리며 서성입니다. 제비꽃을 발견하기도 하고, 현호색을 발견하기도 했어요. 갑자기 "개구리다!" 하는 홍이 목소리가 들리네요.

"선생님! 개구리 발견했어요. 색깔이 갈색이고 큰 개구리예요."

다들 그쪽으로 달려갔습니다. 아이들이 뭔가 발견하면 거기로 가야지요. 정말 펄쩍 뛰는 개구리가 보여요. 연한 갈색 개구리가 참 예뻐요. 제가 잡았어요.

"이 개구리는 산개구리인데 북방산개구리인지, 한국산개구리인지 선생님도 잘 모르겠다. 집에 가서 찾아보게 생김새를 잘 관찰해서 기억해두자."

아이들은 의외로 개구리를 만져보고 싶어 했어요. 양서류는 피부로 호흡하고 찬피동물이라서, 사람이 만지면 좋지 않다고 해요. 사람의 체온이 높기 때문에 개구리가 화상을 당할 거라는데, 잠깐 만진다고 개구리에게 큰 피해가 갈 것 같지는 않아요. 아이들에게 한 번씩 만져보게 하고 놓아줬어요.

아이들이 그림책에서 보던 개구리를 직접 보고 만질 수 있다는 게 얼마나 소중한 경험이 되겠어요. 제가 여러 가지 설명을 하며 가르치고 과학적인 정보를 주는 것보다 이렇게 나와서 보고, 만지고, 느끼는 것이 훨씬 좋은 생태 교육이라고 생각합니다. 자연에 나오는 이유는 공부보다 느끼기가 우선이니까요.

풀꽃 찾기 문제는 선우가 맞혔어요.

"이번에는 선우가 문제를 내보자."

"음… 뭘 하지? 이것은 나뭇가지인데 한쪽은 까맣고, 한쪽은 흰색 같은 색이 있어."

아이들이 "얼마나 휘색인데?"라고 질문하자, "음… 이만큼?" 하고 옆에 있는 나뭇가지를 듭니다. "혹시 그 나뭇가지 아니니?" 하니까 당황하네요. 아무래도 맞나 봐요.

"문제 내기 그만하고 간식 먹어요."

문제 내기가 재미없나 봐요. 재미없는 걸 계속하기도 그렇죠? 그 자리에 앉아서 간식을 먹었어요. 그런데 간식을 다 먹고 나무를 타고 놀려고 비밀 기지에서 나오니, 우리가 만든 기지보다 멋진 기지가 있는 거예요. 나무가 쓰러져서 잔가지들이 땅 위에 있는 작은 나무를 덮치면서 동그랗게 비밀 기지처럼 만들어졌더라고요.

"어? 여기 엄청 멋진 천연 비밀 기지가 있잖아?"

"제가 아까 발견한 거예요."

민준이가 아무렇지 않게 나무에 올라가면서 대답합니다.

"우리 비밀 기지보다 멋진데?"

"그럼 우리가 만든 건 그냥 기지로 하고, 이걸 본부로 해요."

그렇게 하기로 했어요. 몇몇 아이들이 본부에 들어가 봅니다. 저도 가봤는데 꽤 근사해요. 그 장소가 전체적으로 수업하기에 참 좋은 곳이더라고요. 비밀 기지에 본부, 쓰러진 나무 놀이터도 있고, 앉아서 쉴 수 있는 공간까지 마련된 곳이에요. 아이들을 일단 거기로 모이게 했어요. 비밀 기지 만들어본 것을 새 둥지와 연관 지어 설명했습니다.

"새들은 부리로 재료를 물어다 튼튼하고 멋지게 짓는데, 우리도 새 둥지에 도전해볼까?"

모두 신나서 막대기랑 돌멩이를 줍고, 같이 할 짝도 정해서 자유롭게 둥지를 만듭니다. 진영이는 유정이와 한 모둠이 되었고, 민준이는 혼자 하기로 했고, 은서는 민서와 한 모둠이 되었어요. 진우와 철훈이가 한 모둠, 선우와 필

균이, 승준이가 한 모둠이 되어 둥지를 만드네요. 윤아와 홍이가 사라져서 찾아보니 나무에 이름을 붙여주고 있습니다.

"애는 '매봄'이고요, 쟤는 '대왕참나무'예요."

홍이는 집 앞에 있는 나무에도 이름을 붙여줬대요. 숲에서 한 놀이를 잊지 않고 일상에 적용하는 것이 신기하고 귀엽지요. 윤아와 홍이는 대왕참나무(신갈나무) 몸통에 나뭇잎을 붙이고 있습니다. 뭐 하느냐고 물으니 "상처가 나서 치료하고 있어요. 이게 약이에요"라며 썩은 나무를 보여주네요. 나무에 상처가 나서 나뭇진이 흐르는 지점에 물을 뿌려서 소독하고, 썩은 나무 가루를 뿌린 다음 그 위에 나뭇잎을 붙이더라고요.

"이건 나무에서 나온 진인데, 나무에겐 힘들지 모르지만 사슴벌레 같은 곤충에겐 진수성찬이란다. 걔들은 이런 걸 먹고살거든."

"아! 곤충들이 이걸 먹는구나. 그래서 여기에 개미들이 많이 오는구나."

나무 의사들은 둥지에 관심 없고, 계속 나무를 치료합니다. 둥지를 다 지으면 와서 어느 모둠이 잘했는지 심사해달라고 부탁하고, 다시 둥지 짓는 장소

로 왔어요. 아이들은 제 생각과 달리 열심히 둥지를 만들고 있었지요.

"선생님, 나무껍질이 끈처럼 벗겨져요. 이걸로 묶으면 될 것 같아요." 유정이가 벗겨낸 나무껍질을 보여주면서 아주 튼튼하다고, 밧줄 같다고 합니다.

"응, 피나무라고 하는 나무는 껍질로 밧줄처럼 사용했다고 하더라."

선우도 벚나무 껍질 벗긴 걸로 나뭇가지를 묶을 수 있다고 자랑하며 보여줍니다. 진우가 "제비처럼 진흙을 이용해서 지으면 좋겠다"고 하니, 같은 모둠 철훈이가 "나 물 있는데, 그거 여기 부어서 진흙으로 만들까?" 제안하네요.

둥지를 짓다 보니 새가 되어보기는 당연하고, 자연스럽게 조상들이 하던 집 짓기며 일상 용품 만들기 등 자연에서 얻어 사용하던 것들을 되짚어갑니다. 여러 가지 디자인으로 둥지를 만들면서 예술적인 감성도 자극되는 모양이에요. 생태 수업에서 자연물을 이용한 만들기를 즐겨 하는 것도 이 때문이겠죠?

12시 30분에는 수업을 마치고 싶어서 "1분 안에 둥지 짓기를 마무리하자"고 하니, "안 돼요. 5분은 더 줘야 해요. 아직 다 지으려면 멀었다고요" 하며 난리입니다. "선생님이 오늘은 일이 있어서 좀 일찍 마치려고 해"라고 하니까 "그러면 저희 내려가는 길 아니까 선생님 먼저 가세요" 하더라고요.

허허, 녀석들이 둥지 만들기에 푹 빠진 모양이에요. 저 먼저 내려가라니 마냥 어린애 같지 않아 기분이 좋은데, 그럴 수는 없지요. 좀더 시간을 주었습니다. 거의 완성되어서 홍이와 윤아를 불러 저하고 셋이 심사하기로 했어요. 그때 선우가 제안했어요.

"그냥 다 같이 심사하면 안 돼요? 잘 지은 모둠에게 각자 표시하고 그것을 세면 되잖아요."

"그럴까? 자, 모두 나뭇잎 세 장씩 준비해서 잘 지었다고 생각되는 모둠에 한 장씩 주자. 나뭇잎을 가장 많이 모은 모둠이 우승하는 거다."

결과를 보니 세 명이 한 모둠이 된 선우랑 필균이, 승준이 모둠이 13장을 얻어서 1등 했네요. 자기들이 만든 둥지에 나뭇잎 투표용지를 많이 줬겠지요? 진영이와 유정이 모둠은 8장, 민준이는 7장, 은서와 민서 모둠은 5장, 진우와 철훈이 모둠은 3장을 받았습니다.

진영이와 유정이 모둠은 끈으로 나뭇가지를 묶어가며 쌓아서 둥지를 지었고, 은서와 민서 모둠은 나뭇가지로 둥그렇게 모양을 만들고 바닥에 나뭇잎을 깔았어요. 진우와 철훈이 모둠은 땅을 파고 그 위에 나뭇가지를 배치했고, 민준이는 돌과 나무 위에 나뭇가지로 지붕을 만들어 돔형으로 지었네요. 우승한 선우랑 필균이, 승준이 모둠은 낙엽 더미를 파내고 그 안에 돌을 깐 다음 나뭇잎을 덮었습니다. 모두 개성 있고 예쁘게 지었어요.

"너희가 모두 다른 둥지를 지었듯이, 새들도 종류에 따라 둥지 모양이 달라. 장소나 재료도 다르지. 자연에는 많은 것들이 다양하게 살아간단다."

어느덧 시간이 흘러 수업을 마무리하고 내려왔습니다. 이번에도 식사를 함께할 수 없어 아쉬웠어요. 다음 달에는 꼭 함께할 수 있기를 기대합니다.

덧글

숲에서 수업하다 보면 모르는 게 나온다. "집에서 조사해보자" "집에서 찾아
보고 다음에 얘기해줄게" 하고 다음에 만나도 아이들은 다시 질문하지 않는다.
위기를 모면하려는 강사의 태도로 보일 수도 있지만, 아이들은 동식물의 이름에
관심이 많지 않다는 뜻이기도 하다. 본 순간 이름이 궁금하지만, 그것보다 만났
을 때 느낌이나 만져본 감촉을 기억하고 만족한다. 어른들이 아이들에게 지식을
가르치기보다 감성을 얻는 기회를 줘야 하는 이유가 여기에 있다.

'새 둥지 만들기'는 되어보기 놀이 가운데 하나다. 새가 되어 새의 처지를 이해
해보는 것이다. 자연 되어보기 놀이는 나 이외 존재를 이해하는 데 도움이 되고,
자신을 돌아보는 활동이라 좋다.

2011년 6월

한여름 같은 날이었습니다. 다행히 남한산성 숲 속에 들어서니 그다지 덥지는 않았어요. 숲이 시원한 것도 나무 덕이죠. 여름에는 나무들이 더 열심히 일해서 광합성도 많이 하고, 증산 작용도 많고, 산소도 많이 나와요. 아이들과 여름 숲을 느껴보기로 했어요.

처음에는 좀 걷습니다. 늘 가던 코스 대신 북문으로 해서 현절사로 내려오는 코스를 선택했어요. 아이들은 벌써부터 "비밀 기지 쪽으로 가요" 하며 비밀 기지 타령을 하더군요. 근사하게 지은 것도 아닌데 애정이 가나 봐요. 조금 놀다가도 "이제 비밀 기지로 가는 거지요?"라고 묻습니다. 의미 있는 놀이가 아이들에게 얼마나 소중한지 알 수 있어요.

10여 분 걸어 올라가는 동안 아이들은 새로운 것을 계속 발견하고 제게 묻기도 하고, 자기들끼리 이야기도 합니다. 유정이와 진영이는 그때마다 기록장에 적고요. 벚나무 잎자루에 붙은 꿀샘에서 나오는 꿀을 먹으려는 개미를 관찰하고, 줄딸기도 따 먹었습니다. 줄딸기는 아직 익지 않아서 신맛이 강해요.

진영이가 먹어보더니 "웩! 이것도 적어야겠다"며 기록장을 꺼내는군요. 진영이는 기록하는 것이 습관이 된 모양이에요.

기록뿐만 아니라 호기심을 품는 것도 자연을 공부하는 바람직한 자세입니다. 저도 어릴 때 맛없는 걸 먹고 퉤퉤 뱉었어요. 뻔히 그 맛인 줄 알면서 콩배나무 열매를 씹고 뱉거나, 덜 익은 감을 베어 물었다가 뱉었지요. 지금 아이들도 입으로 자연을 느끼고 있어요.

수업이나 놀이를 따로 준비하지 않고 진행한 지 넉 달째인데, 아이들은 이제 프로그램이 필요 없을 만큼 스스로 잘 놉니다. 자연에서 수업하는 가장 큰 이유는 자연과 교감하기 위해서지요. 프로그램을 진행하는 데 급급하면 학교 수업의 연장이 되기 쉬워요.

저도 그러지 않으려고 애썼는데, 다행히 아이들이 편하고 자연스럽게 숲을 즐기고 있습니다. 어쩌면 아이들은 벌써 그랬을 거예요. 어른들이, 생태 교사들이 자꾸 가르치려 들어서 어긋났을지도 몰라요.

솔숲에 도착하자 아이들이 통나무를 이용해 놉니다. 다리도 놓고, 땅도 파고, 주변에서 식물도 관찰하고요. 은서와 민서는 버려진 송판을 주워 소꿉놀이를 하네요. 잠시 편하게 놀도록 놔두었죠. 그래도 여름 숲에 왔으니 몇 가지 이야기를 해주고 싶었어요. 어느새 가르치려 드는 교사의 특징이 나오는 겁니다.

먼저 '숨 오래 참기'를 했어요. 숨을 크게 들이마시고 참아보다가 못 참겠으면 손을 드는 거예요. 10~20초 사이에 손을 드는 아이들이 많았어요. 1분 가까이 참은 친구가 두 명 정도 있고, 홍이와 성준이는 2분을 넘겼어요. 참 오래 견디네요. 아이들이 코앞에 손을 대며 "숨 쉬는 거 아니야?" 하고 확인도 합니다.

우리가 5분 정도만 숨을 못 쉬어도 뇌에 산소가 공급되지 않아 위험하지요. 아이들에게 공기의 소중함, 특히 산소의 소중함을 느끼게 해주고 싶어 진행해본 놀이예요.

"우리에게 꼭 필요한 산소를 누가 만들어줄까?"

"나무요!"

"그래, 나무와 같은 녹색식물이 만들어줘. 특히 이렇게 큰 나무들이 더 많이 만들어준단다. 나무가 양분을 만들어내려고 열심히 일할 때 산소가 나와. 이런 과정을 광합성이라고 하지. 광합성을 많이 하려면 잎이 큰 게 좋을까, 작은 게 좋을까?"

"큰 거요!"

"맞아, 그래서 여름이 되면 잎이 아주 커진단다. 자, 이 근처에서 가장 큰 잎을 찾아볼까?"

아이들끼리 각자 딴 잎을 크기를 재보고 1등을 뽑습니다. 철훈이가 가장 큰 쪽동백 잎을 찾아서 1등 했어요. 곧바로 이제는 가장 작은 잎을 찾아보자고 하네요. 우열을 가리기 어려웠어요.

퀴즈를 냈습니다. "큰 잎이 달린 나무가 있고, 작은 잎이 달린 나무가 있어. 그렇다면 잎은 어느 쪽이 많을까?"

아이들이 같은 답을 말합니다.

"작은 잎이오."

자연에 100% 정답은 없기 때문에 확정적으로 말하긴 어렵지만, 잎 면적이 크면 대부분 개수는 적지요. 그래서 광합성 총량은 비슷해요. 조금 어려울 수 있어도 아이들에게 설명해주었습니다. 자연에는 어느 한쪽이 특히 유리한 것

은 없다고. 뒷부분 설명할 땐 역시 듣지 않고 저희끼리 놀더군요. 어느새 뭔가 가르쳐주고 싶어 하는 교사의 모습이 나온 거지요.

아이들이 찾아온 큰 잎으로 가면을 만듭니다. 책이나 다른 선생님에게 배운 모양이에요. 입 부분에 막대를 넣어 물 수 있게 만드는데, 은서는 머리핀으로 고정하더군요. 그 방법도 좋아 보였어요.

아이들이 지난 3월에 한 놀이를 다시 합니다. 흩어진 통나무를 하나둘 가져와요. 혼자 들기 어려운 것은 두세 명이 힘을 모아서 나르고요.

통나무를 이어서 다리처럼 만들고 그 위를 걸어갑니다. 바닥에 떨어지지 않고 목적지까지 가는 놀이예요. 목적지도 만들고, 중간에 새로운 길도 만드네요. 이번에는 아이들이 손에 막대를 쥐고 땅을 짚어가며 떨어지지 않으려고 애쓰더군요.

"우리 비밀 기지 언제 가요?"

홍이가 아까부터 비밀 기지에 가자고 합니다. "2분만 더 놀고 가자. 애들 막 놀기 시작했잖아" 하고 달랬어요. 어느새 홍이도 아이들과 함께 통나무다리 건너기에 열중하더니, "어? 2분 훨씬 지났어요. 이제 가요" 하네요.

가는 도중에 아까시나무가 나타나자, 잎 떼기 가위바위보도 합니다. 통나무 더미가 나오니, 뗏목이라며 올라타서 배를 타듯이 또 한참 놀고요. 아이들이 어느새 놀기 선수가 되었네요. 주변에서 만나는 자연물을 이용해서 저희끼리 재밌게 놀아요.

비밀 기지 방향으로 내려가기 전, 꺾어지는 지점에서 붓꽃을 발견했어요. 아이들이 예쁘다고 모여듭니다. 은서가 "우리 집에 이거 있는데…" 하더군요. 은서는 지난달까지 얌전히 있었는데, 이달에는 말도 곧잘 하고 놀이에 적극적으로 참여하네요. 분위기에 적응이 된 모양이에요.

민서는 아직 낯설어합니다. 다음 달엔 아이들과 좀더 친해지겠지요. 아이들이 비밀 기지를 향해 내닫습니다. 익숙한 곳이다 보니 거칠 것 없이 달려가요. 자연에서 맘껏 뛰는 것만큼 신나는 일도 없지요.

진영이와 유정이는 남아서 토끼풀을 보더니 꽃을 몇 송이 땄어요. 그러다가 진영이가 "네 잎 클로버다!" 하고 외칩니다. 네 잎 클로버 맞네요. "한 개 발견되면 주변에 여러 개 있더라" 하고 함께 찾아봤어요. 제가 다섯 잎 클로버도 발견했답니다. 천천히 내려오는데 아이들이 소리 쳤어요.

"선생님~ 뱀 나타났어요!"

"앗! 배, 뱀이?"

놀라서 허겁지겁 달려갔는데, 뱀은 벌써 사라지고 없었습니다.

"약간 황토색이고 길어요."

"음, 길면 독사는 아닌 것 같다."

크지 않다는 걸 보면 구렁이도 아니고, 누룩뱀인가 싶어요.

"뱀은 피가 차가워서 움직이거나 소화하려면 몸을 따뜻하게 해줘야 해. 그래서 햇볕을 쬐며 몸을 데워서 움직이지. 여기가 볕이 잘 드니까 몸을 데우는

중이었나 보다."

이렇게 설명해주니 한 아이가 "햇볕이 뱀의 배터리구나"라고 합니다. 누구더라… 여자아이인데 생각나지 않네요. 배터리라는 표현이 재밌지요?

희람이는 비밀 기지에 처음 와서 그런지 주변을 둘러보겠다고 합니다. 다른 아이들은 나무에 올라가서 놀고요. 그런데 평상시 제일 높이 오르던 선우나 철훈이가 아니라 진우가 맨 꼭대기에 있네요. 어쩐 일인가 하고 보니, 마음이 앞서서 오르긴 했는데 내려오지 못하겠답니다. 나무에 매달려서 꼼짝 못하더군요.

급기야 "내가 어리석었어. 내려올 때를 생각했어야 하는데… 으, 어떻게 내려가…" 하고 울먹입니다. 말하는 건 어른 같아도 아직 어린애지요. 제가 도와줘서 천천히 내려왔어요. 덕분에 제 팔이 나무껍질에 긁히긴 했지만, 이 정도 상처야 아이들도 다 생기는걸요. 유정이는 왼쪽 다리에 반창고를 붙이고 와서도 열심히 뛰어놀다가 두 번이나 넘어졌습니다. 한 번은 울기도 했지만, 곧 일어나 신나게 놀더라고요. 몸을 사리지 않고 노는 모습이 아이다워요.

바닥에 떨어진 버찌를 보고 왜 떨어졌는지 궁금해합니다. 원인을 쉽게 알려주려고 놀이 한 가지를 제안했죠. 나무에 누가 오래 매달리는지 알아보는 놀이예요.

"나무가 아플 것 같아요."

홍이가 나무 걱정을 합니다. 그래서 여러 명이 매달리지 않고 두 명씩 토너먼트로 시합했어요. 아이들이 시합보다 매달리기 자체를 좋아하더군요. 오래 버티지 못하고 하나둘 떨어집니다.

"왜 오래 견디지 못하고 떨어졌어?"

"팔에 힘이 빠져서요."

"이 열매들도 마찬가지야. 매달리는 힘이 없어서 떨어진 거지. 열매들은 왜 힘이 빠졌을까?"

"못 먹어서요."

"맞아, 양분을 제대로 섭취하지 못해서 그렇지. 또?"

"아파서요."

"맞아, 병이 걸려서 그럴 수도 있어. 열매들도 나무에 오래 매달리면 좋겠지만, 비가 오거나 바람이 불면 못 견디고 떨어지는 애들이 있단다. 나무는 약한 열매를 먼저 떨어뜨려야 남은 열매에게 양분이 잘 가서 튼실한 열매를 맺을 수 있지."

역시 교훈이 되는 이야기를 하려고 합니다. 매번 깨달으면서도 뭔가 전달하려는 의도를 버리기가 쉽지 않네요. 그나마 '열매 되어보기'를 통해 나무를 좀더 이해하기 바랄 뿐이에요.

내려오는데 길 한복판에 물이 새어나오는 곳이 있습니다. 지난달부터 그랬는데 수리가 안 될 걸 보면 상수도는 아닌가 봐요. 물이 아주 시원한 걸 보면

계곡물이 새어 나오는 모양이에요. 아이들은 물을 만나니 엄마한테 갈 생각을 잊고 물놀이를 합니다.

　이런 것에도 재미를 느끼니 아이들이지요. 어릴 적 하굣길에 곧바로 집에 가지 않고 길가에서 이것저것 보며 놀던 생각이 납니다. 그런 게 또 재미있었지요. 저도 아이들을 기다려주었어요.

　진영이와 유정이는 이번에도 토끼풀을 뜯습니다. 자연은 한 발자국만 옮겨도 놀 거리 천지죠. 그래서 자연에서 놀리는 것이고요. 아이들은 더운 날씨에도 신나게 6월의 숲을 즐겼어요. 활기찬 여름 숲에서 아이들이 생생한 하루를 보냈기 바랍니다.

덧글

근사하지도 않은 비밀 기지에 빨리 가고 싶어 하는 아이들의 마음. 비밀 기지 만들기가 재밌었고, 자기들 아지트가 생겼으니 궁금했을 것이다. 지난달보다 얼마나 달라졌을까, 무너지지는 않았을까 궁금해하며 그곳으로 가는 것은 일종의 설렘이다. 연애할 때 설레듯이, 아이들도 자연에 설레는 대상이 있을 때 좋아한다. 아이들이 숲에 가며 설렐 수 있게 기획하고 유도하는 것이 얼마나 중요한지 알려준다.

전에 해본 놀이라도 재미있으면 다시 하고 싶어 한다. 그것을 하도록 두는 게 좋다. 해본 놀이라고 중단하거나 다른 놀이를 유도할 필요가 없다. 지금 이 순간 아이가 즐겁고 행복한 게 제일이기 때문이다.

뭔가 먹어보는 건 기억에 잘 저장된다. 맛없어서 뱉어도 기억한다. 수만 년 전 원시인도 이것을 먹고 뱉었을 것이다. 타임머신이 따로 없다. 자연 체험은 그런 의미에서 아이들이 꼭 하게 해줘야 한다.

"햇볕이 뱀의 배터리구나"라는 말은 한 편의 시다. 아이들은 시를 곧잘 쓴다. 툭 던지는 말이 시가 된다. 자연에서 많은 것을 만나고 느끼다 보면 저절로 시를 쓴다. 어른들은 시를 잘 쓰려고 노력하지만, 아이들은 그대로 시인이다. 그래서 오히려 어른들이 아이에게 배운다. 좋은 숲 해설을 하는 강사를 가만히 보면 그들도 시인이다. 시는 듣는 이에게 감동을 준다. 아이들과 놀수록 더 많이 배운다.

2011년 9월

🌳　　　　7월 캠프 이후 오랜만에 만났지요? 뛰어다니는 아이들 다리가 5cm씩은 길어 보여요. 여름 사이에 부쩍 자랐나 봐요. 놀이터에서 노는 아이들을 데리고 숲으로 갑니다. 아이들은 이동할 때 그동안 지낸 이야기를 나누거나, 발견한 것을 함께 보고 이야기하면서 자유롭게 걸어요.

"비밀 기지가 장마에 어떻게 됐을지 궁금하지 않니?"

"걱정돼요."

"그렇지? 바로 비밀 기지 쪽에 가서 부서진 곳은 없는지 살펴보자."

"아싸!"

그렇게 좋아하면서도 아이들은 연초에 정한 자기 나무를 보더니 "와! 내 나무다" 하고 올라탑니다.

아이들은 제가 생각한 것보다 자연 친구들이 보고 싶었나 봐요. 친구 바위에 오르고, 철훈이와 성준이는 서로 단풍나무에 오르더군요. 성준이는 자기 나무가 헷갈린 모양이에요. 새로 온 미송이는 아이들이 자기 친구들을 찾아

노는 모습을 보고 어리둥절합니다.

"미송아, 다른 아이들은 봄에 자기 친구 나무를 정했거든. 이름도 지어줬어. 지금 그 친구들을 찾아서 노는 거야. 너도 나무 친구 하나 정해볼래?" 미송이는 두리번거리더니 키 큰 나무를 가리키며 친구로 삼겠대요. 이름은 아직 정하지 못하겠다고 해서 다음에 짓기로 했어요. 아, 필균이도 나무 이름 정할 때 없어서 새롭게 친구를 정했습니다.

한참 놀다가 비밀 기지에 가보기로 했어요. 그런데 홍이와 윤아가 따로 올라가네요. 아마도 대왕참나무에게 가는 것 같아요. 지난봄 커다란 신갈나무에게 대왕참나무라고 이름을 붙여줬죠. 그때 상처 난 곳을 치료한다고 하더니 확인하려고 가는 모양이에요. 윤아는 '대왕참나무 오빠'라고 하더라고요. 나이가 많아서 오빠라고 하나 봐요.

비밀 기지에 가보니 윤아의 가방이 있네요. 기지에 들렀다 간 모양입니다. 아이들은 지난번처럼 뱀을 만날까 봐 걱정했어요. 제가 먼저 쿵쿵 걸었지요. 땅바닥이 울리게 걸으면 뱀은 진동에 놀라 도망가니까요. 아이들도 큰 걸음으로 걷습니다.

기지는 다행히 별문제 없어요. 가온이가 "비밀 기지에 풀이 많아졌어요" 합니다. 정말 그때보다 풀이 여기저기 많아졌네요. 투구꽃이랑 물봉선도 피었어요. 가을이 되니 계절에 맞게 새로운 풀들이 꽃을 피웁니다.

"야! 우리 놀이터에서 놀자."

진영이가 놀이터에 가자고 합니다. 비밀 기지 옆에 쓰러진 벚나무를 일컫는 말이죠. 그 나무에 올라가서 놀고 싶은 맘이 가장 컸을 거예요.

놀다가 비밀 기지로 내려오라 이르고, 잠시 아이들 모습을 지켜봤습니다. 정말 신나게 놀더군요. 오르락내리락, 매달렸다 내려왔다, 여기저기 뛰어다니고, 까르르 웃고, 고함도 지르고…. 아이들은 이렇게 놀려고 태어난 것 같아요. 어른들이 신나게 놀 아이들을 방에, 교실에 가두니 얼마나 재미없을까요? 공부도 중요하지만 아이들이 신나게 뛰어놀 공간을 만들어주는 것도 어른들의 몫이라고 생각합니다. 지금은 숲이 그나마 역할을 하는데, 이런 기회가 많지 않아요. 자주 나와서 놀게 해주면 좋겠어요. 한바탕 신나게 논 아이들은 비밀 기지로 모이라니까 순순히 옵니다.

"우리 오랜만이지? 그동안 무슨 일이 있었는지 얘기 좀 해보자. 어떻게 지냈어? 달라진 건 없고?"

"별로 달라진 거 없는데요?"

"전 야구부 시작했어요."

"달라진 게 없는 친구도 있지만, 진우처럼 야구를 시작한 친구도 있잖아. 함께하는 친구들이니까 그동안 어떻게 지냈는지 알면 좋겠지?"

"……."

아이들은 저만큼 궁금하지 않은가 봐요. 아이들끼리 자주 봐서 궁금한 게 없을 수도 있고요. 비밀 기지에 핀 투구꽃 얘기도 잠깐 나눴지만, 아이들은 비밀 기지에 앉아서 오래 이야기하고 싶은 눈치가 아닙니다.

"좋아! 그럼 문제 하나 낼게. 지금은 무슨 계절일까?"

"가을이오!"

"맞아, 가을이 되면 숲에는 어떤 일이 벌어질까?"

"가을꽃이 피고, 나뭇잎에 단풍도 들어요."

"그래, 맞아. 한 가지 더 있는데…."

"아! 가을이 되면 열매가 열려요."

"그래, 맞아. 가을이 되기 전에도 열리는데, 가을에 익어가는 열매가 많지. 오늘은 열매 이야기를 해보려고 해. 잠깐 밖으로 나가자."

비밀 기지는 주로 아이들과 눈을 마주치거나 대화하는 장소로 사용합니다. 아이들이 활동적으로 놀기를 좋아하니 사랑방에 앉아 도란도란 이야기하는 분위기는 아니죠. 나중에 리코더나 오카리나 같은 악기를 연주할 줄 아는 아이가 있으면 간단히 연주회를 해보면 좋을 거예요.

준비한 보자기를 꺼내고, 아이들에게 네 명씩 모둠을 만들어보라고 했어요. 친한 아이들끼리 한 모둠이 됩니다. 열두 명이라 네 명씩 세 모둠이에요. 모둠에 하나씩 보자기를 주고, 여러 가지 열매를 줍거나 따서 보자기에 모아 보기로 했습니다. 숲을 돌아다니며 뭔가 찾는 건 아이들이 모두 좋아해요. 어디에서 주웠는지 진우가 감자를 발견했네요. 그건 열매가 아니라고 말해주려는데, 진우가 먼저 "선생님, 이건 열매가 아니라 줄기지요?" 합니다. 아이들은 여기저기 다니면서 꽤 많은 열매를 구했어요.

"자, 이제 어떤 열매를 얼마나 많이 발견했는지 볼까?"

진영이 모둠은 아주 많이 찾았어요. 가온이랑 은진이도 열심히 찾았거든요. 하지만 같은 것을 골라내고 보니 아홉 종류였어요. 선우 모둠은 좀 적었어요. 필균이랑 선우가 노는 데 정신이 팔려 열매 줍기에 소홀했나 봐요. 진우 모둠은 아홉 개를 찾았지만, 도토리가 두 개라서 여덟 종류가 됐어요. 진영이 모둠이 가장 많이 찾았네요.

아이들이 미처 발견하지 못한 열매를 몇 가지 보여주기로 했어요. 차풀도 열매가 달렸고, 칡도 열매가 달리기 시작했고, 물봉선은 열매가 여물어가네요. 아이들이 가장 신기해한 건 눈괴불주머니 열매입니다. 저도 이름을 잘 몰라 집에서 찾아봤어요. 산괴불주머니처럼 생겼는데 덩굴성이더라고요. 콩처럼 주렁주렁 달린 열매가 건드리기만 해도 톡 튀면서 터져요. 아이들이 메뚜기인 줄 알고 깜짝 놀랐어요. 재미있는지 그 열매를 찾아 건드리며 톡톡 터뜨리더라고요.

"선생님, 이거 망원경 같아요."

까만 씨앗이 나간 열매껍질이 양쪽으로 도르르 말려서 정말 쌍안경 같았어요. 그 열매의 씨앗을 한참 퍼뜨려주고(?) 나서 '한 개 열렸습니다' 놀이를 했죠. 아이들이 둘러앉아서 처음에 한 명이 일어나 "한 개 열렸습니다" 하고 앉으면, 다음에는 두 명이 함께 일어나며 "두 개 열렸습니다"라고 합니다. 이런 식으로 모두 일어날 때까지 하는 거예요. 중간에 틀리면 처음부터 다시 하고요. 그런데 다섯 개, 여섯 개에서 계속 틀리더라고요. 중간에 윤아랑 나무 위에서 놀던 홍이가 끼는 바람에 아이들이 더 헷갈리는지 계속 틀렸어요.

"아이고, 다리 아파."

"힘들지? 그만 하자. 나무도 가만히 서 있는 것 같지만, 이렇게 열매를 만들기 위해 안에서 부지런히 움직인단다. 자, 문제 하나 더 낼게. 너희 장래 희망 있지?"

"전 축구 선수요." "전 야구 선수요." "저는 과학자요." 저마다 되고 싶은 것을 말합니다.

"그래, 모두 인생의 목표가 있어. 그런데 나무는 어떤 목표로 자랄까?"

"열매?"

"맞아, 나무는 튼튼한 열매를 많이 만들어서 자기와 같은 나무를 또 만들어내는 게 목표지. 너희가 아까 주운 것들이 바로 나무의 목표야. 방금 너희가 다리 아프지만 열심히 앉았다 일어났다 했듯이, 나무도 목표를 이루기 위해서 열매를 만들어낸단다."

"어? 그럼 사람이랑 나무가 똑같네!" 철훈이가 의미심장한 말을 합니다.

"그래, 지구에 사는 생물은 다 같아. 자기 목표를 위해 열심히 살지. 어? 벌써 내려갈 시간이 됐네. 여기 이 나무에 올라갔다가 내려가자. 자기가 올라갈 수 있는 만큼 올라가는 거야. 다음에 와서 더 많이 올라갈 수 있는지 한번 보자. 그러니까 지금 자기 기록을 잘 기억해야 해."

아이들이 하나둘 나무에 오릅니다.

"전 여기까지요!"

"저는 여기요!"

"선생님, 저 여기요. 사진 찍어주세요!"

시골에 계시는 저희 어머님이 그러시더군요. 열 살 때부터 보리쌀을 절구에 찧어 밥을 지었는데, 절굿공이가 그렇게 무거웠대요. 그런데 한 살 한 살 먹어갈수록 절굿공이가 조금씩 가벼워지고 보리쌀도 잘 찧어졌다고요. 나중에는 아주 가벼워져서 절구질 좀 해볼 만하니 시집을 갔대요. 그렇게 성장하면서 몸도 커지고 기운도 세지고, 결국 어른이 되겠지요. 아이들도 나무에 오르다 보면 어느새 훌쩍 클 거예요.

밧줄을 매달고 올라가거나, 그네를 더 높이 타거나, 나무에 더 높이 더 쉽게 올라가는 것들은 자라나는 아이가 스스로 평가하는 잣대가 될 수 있지요. 그것을 느끼기 때문에 아이들은 숲에 오자마자 나무에 오르고, 내려가기 전에 다시 한 번 나무에 오르는 게 아닐까 생각합니다.

일정을 마치고 내려오는데 진영이가 홍이 머리띠에 토끼풀 꽃을 달아주네요. 곧바로 멋진 머리띠가 탄생하는 순간이었지요. 길가 화단에 있는 봉선화 씨앗이 하나둘 여물어요. 아이들이 그것을 터뜨리고 씨앗을 받습니다. 집에 가서 심으려나? 가을이 되면 성숙이란 단어를 생각합니다. 날이 갈수록 여물어가는 열매처럼 아이들도 나날이 여물어가는 것 같아서요.

오늘도 아이들은 학교 담장을 넘어서 들어가네요. 저도 맨 마지막에 담을 넘습니다. 날이 점점 쌀쌀해져요. 10월 맑은 가을날 또 뵙겠습니다.

덧글

비밀 기지에 둘러앉아서 오붓하게 지난 이야기도 나누고, 오늘 무엇을 할지 이야기하면 좋겠다는 생각에 아이들과 정적인 수업을 시도해보았지만 잘 안 됐다. 아이들은 밖에서 신나게 놀고 싶어 했다. 아이들이 원하는 대로 자유롭게 수업하고 싶다고 하면서도 자꾸 어른의 의도가 나온다. 완벽하게 아이들을 위한 수업은 역시 어려운가 보다.

가만 생각해보면 유아기에는 그것이 가능한데, 초등학생들하고 오붓하게 앉아서 도란거리는 것은 아무래도 잘 맞지 않는 모양이다. 초등학생은 자연에 나왔을 때 에너지를 발산하며 맘껏 뛰놀고 싶어 한다. 팔뚝에 힘도 좀더 세지고, 나무도 좀더 높이 올라가니 자기 몸으로 숲에서 자연을 누리는 것이 얼마나 신났을까? 그렇게 하도록 두는 게 더 좋은 숲 수업일 것이다.

2012년 4월

오랜만이네요. 1~2월 통합 겨울 캠프 진행하고 3월은 건너뛰었으니, 석 달 만에 봅니다. 아이들은 그동안 달라지죠. 특히 윤아가 많이 자랐어요. 날씨가 정말 좋았어요. 아침에는 쌀쌀하더니 10시가 넘자마자 따뜻해지더라고요. 놀이터에서 아이들을 좀 놀리고 10시 25분쯤 길을 나섰습니다.

일단 비밀 기지 쪽으로 가자고 했어요. 이동할 때는 특별한 수업을 하지 않고 걷습니다. 친구들끼리 이야기도 하고, 궁금한 걸 저에게 묻기도 하며 자연스럽게 가요. 아이들이 걷는 걸 가만히 보면 누가 누구랑 친한지 대충 알지요. 윤아와 홍이, 은서와 민서, 진영이와 유정이가 붙어 다녀요. 남자아이들은 각자 놀고 싶은 대로 여기 갔다 저기 갔다, 얘랑 얘기했다 쟤랑 얘기했다 하면서 놉니다. 아이들의 성향을 잘 읽고 놀 때 적용하는 것도 중요해요. 전에는 그냥 제 의도대로 아이들을 이끌었는데, 아이들마다 성향이 다르고 좋아하는 게 다르니 그 아이들에게 맞추는 게 낫다고 생각해요. 그래서 강사에게는 본격적인 수업을 하기 전에 아이들을 관찰하는 시간이 의미 있지요.

가끔 혼자 가는 아이도 있어요. 예전에는 제가 말도 걸고 친구들이랑 같이 가라고 했는데, 요즘은 그러지 않습니다. 혼자 있는 시간도 아이에게 중요하다는 생각이 들어서요.

진영이와 유정이는 걷다가 멈춰 앉아서 기록장에 뭔가 끼적거립니다. 은서는 전날 달리기하다가 다리를 좀 다쳤다면서 천천히 걷네요. 맨 뒤에 처져서 절뚝거려요. 민서가 이마를 찡그리며 걱정합니다. 제가 볼 땐 아프긴 해도 민서가 곁에 있으니 좀더 엄살을 부리는 게 아닌가 싶어요. 저도 은서, 민서와 맨 뒤에 갑니다. 그러다 보니 다른 애들은 훨씬 앞서 비밀 기지에 도착했어요.

늦게 간 덕분에 죽은 고라니도 보았네요. 은서는 용감하게도 가까이 다가가더군요. 민서가 "파리 날아다녀"라고 말해줘요. 썩었다는 얘기죠. 은서가 코를 막고 나옵니다. 저도 안 갔는데 혼자 가다니, 은서가 참 용감해요. 지내다 보면 모르던 아이들의 특징이 하나둘 보여요. 은서가 피곤한지 바위에 쓰러지듯 눕기에 좀 쉬게 됐어요.

쉬는 아이들 뒤로 막 연둣빛을 내는 귀룽나무가 멋집니다. 쉬는 것도 잠시,

바로 일어나 바위 옆에 작은 새싹을 발견하고는 "이거 내 풀 할 거야" 하네요. 아이들이 저마다 자기 나무 친구가 있는데, 은서와 민서는 늦게 합류하면서 이름 짓는 놀이를 못 했어요. 그래서 은서가 풀을 보더니 친구 삼고 싶은 맘이 들었나 봐요.

"다음 달에 오면 더 많이 자랄 텐데… 얼마나 자랄까?"

"이만~큼이오."

"선생님 생각엔 그보다 많이 자랄 것 같은데, 다음 달에 와서 꼭 확인해보자" 하고 비밀 기지 쪽으로 올라갑니다. 아이들이 벌써 나무에 쪼르르 올라갔어요.

오늘 처음 합류한 다섯 살 막내 세형이도 나무에 붙어 있네요. 지난해 "여기까지는 올라야 해"라고 한 지점에 아이들이 모두 올라갔습니다. 잘린 통나무들이 앉기 좋게 놓였어요. 어떻게 된 일인지 의아해하는데 홍이가 말합니다. "저번에 아빠랑 오빠랑 와서 이거 만들었어요."

홍이 가족이 먼저 와서 손을 봐뒀네요. 아이들이 좀더 편하게 앉을 수 있겠어요. 그래서 올해는 좀더 어려운 과제를 냈습니다. 반대쪽 가지로 올라가 지금보다 높이 서서, "올해는 여기까지 올라가 보자" 하고 저는 내려왔지요.

아이들이 벌써 도전합니다. 유정이가 제일 먼저 성공하고, 철훈이는 "전 다리가 짧아서 잘 안 돼요" 하며 자신 없어 하더니 그래도 성공했어요. 나머지 아이들도 여러 번 시도하지만, 아직 어려서 못 오릅니다. 윤아와 홍이는 그새 대왕참나무 오빠 곁에 가서 뭐라 뭐라 하며 놀고요. 나무랑 친하게 지내는 것이니 그냥 둡니다. 어쩌면 시간을 가장 의미 있게 보내는지도 몰라요.

"성생님, 살려주세요" 하는 소리가 들립니다. 발음이 불명확한 걸 보면 세형인데 싶어 쳐다보니, 나무에 붙어서 올라가지도 내려가지도 못하네요. 안아서 내려줬어요. 안아주니 좋아하더군요. 다섯 살 아이치고 꽤 높이 올라갔어요. 민서는 올라가다가 빙그르르 굴러서 그만 바닥에 떨어졌는데, 발딱 일어나서 다시 오르더라고요. 민서와 은서가 정적이고 조용하며 여성적이라고 생

각했는데, 울지도 않고 용감하게 다시 도전하는 모습을 보니 역시 아이들을 잘 안다고 생각하는 건 착각인 모양입니다. 아이들은 그때그때 새로운 모습을 보여준다니까요.

아이들은 나무 타기를 좋아합니다. 타고 놀기 적당한 나무가 있으면 얼마든지 타게 돼요. 나무를 껴안을 수 있어서 감성에 도움이 되고, 오르면서 힘을 쓰니 운동 능력도 길러지거든요. 서로 도와가며 올라가서 옹기종기 앉아 도란거리니 관계성에도 좋겠지요. 간단한 놀이에도 아이들에게 필요한 것이 많습니다.

"오늘은 올해 첫 수업이니까 새로운 곳을 탐험해보는 게 어떨까? 저 위쪽으로 가보자. 어떤 숲이 기다리는지."

"네!"

아이들이 나무에서 내려와 이동합니다. 중간에 이런저런 질문도 하고요.

"지금은 칡이 없죠?"

"응, 있는데 지난번에 너희가 꺾어 먹은 건 좀더 기다려야지."

"난 칡보다 아까시나무 꽃이 맛있어. 근데 여기 없어요?"

"응, 있는데 꽃이 피려면 더 기다려야 해."

"아까시나무 없는 것 같은데…."

"찾아보면 있어."

아이들이 산에 오르며 아까시나무 열매를 몇 개 주웠어요.

"선생님, 이게 뭐예요?"

"너희가 궁금해한 아까시나무 열매야. 이 주변에 더 있으니까 주워서 가위바위보 하자."

애기 나온 김에 그것으로 놀이하는 게 좋겠다 싶어 찾아보라고 했지요. 그냥 찾아보라고 하면 잘 안 찾으니까요. 숲에 돌아다니며 아까시나무 씨앗을 줍다 보면 생각보다 열매가 많다는 것을 알 거예요. 아니나 다를까, 진영이가 모자 가득 아까시나무 열매를 주웠네요.

"왜 그렇게 많이 주웠어?"

"줍다 보니 재밌어서요."

수렵이랑 채취하던 시절의 기억이 우리 몸속에 있는 모양이에요. 특별한 놀이가 아니어도 이렇게 재밌어하는군요. 드디어 '아까시나무 열매 가위바위보'를 했습니다.

두 명씩 짝지어 가위바위보 하며 주운 아까시나무 열매를 내밀어요. 열매 안에 씨앗이 많이 든 사람이 이기는 놀이예요. 저는 두 번째에 떨어졌습니다.

유정이가 일곱 알로 1등 했는데, 곧바로 진영이가 여덟 알로 이겼어요. 아까시나무 열매가 있으니 근처에 아까시나무도 있겠지요. 씨앗이 번식하는 방법을 얘기해줬습니다.

산에 오르다 중간에 딱따구리가 낸 구멍을 발견했어요. 손을 넣어보니 한참 들어가요.

"누가 이렇게 팠지?"

"딱따구리?"

"딱따구리가 이렇게 깊이 팠을 것 같진 않은데."

"벌레가 저 안에 있으니까 깊이 팠겠지."

이런저런 의견을 주고받습니다. 딱따구리가 곤충을 잡아먹는 이야기, 드러밍에 대한 이야기, 딱따구리와 죽은 나무의 관계에 대한 이야기를 해주며 그곳을 벗어났어요.

"선생님, 여기 와보세요. 이 나무에 이끼가 엄청 많아요."

가보니 홍이와 윤아가 큰 나무를 발견했는데, 나무 전체에 이끼가 덮였어요. 죽은 나무예요.

"이끼가 위에 있으니 물이 여기까지 찼다는 얘긴데, 그런 것 같진 않고…. 어떻게 된 거죠?"

홍이는 이끼가 습한 걸 좋아한다는 사실을 아는 모양이에요. 물가에 많고, 물이 차는 곳에도 많고…. 그런데 나무 위까지 이끼가 있으니 궁금했나 봐요.

"이끼가 물을 좋아한다는 건 잘 알지?"

"네."

"스펀지는?"

"알아요."

"스펀지는 물을 흡수했다가 손으로 누르면 물이 떨어지잖아. 손으로 누르기 전에는 물을 잘 머금었다가 서서히 증발하겠지? 이 나무가 스펀지 같은 효

과를 낸 거야. 나무껍질을 눌러봐."

"어? 푹신푹신해요."

"그래, 특히 이렇게 죽은 나무는 스펀지 역할을 훨씬 잘해. 안에 있는 부분도 죽어서 스펀지 같거든. 만져볼래?"

썩어가는 부분을 손으로 눌러보니 쑥쑥 들어갑니다. 아이들도 막대로 콕콕 찔러보며 정말 스펀지 같다고 해요.

"빗물이 여기에 잡혀 있었군요?"

"그래, 맞아. 빗물이 나무에 스며들어 서서히 증발하는 거야. 얼마 전에도 비가 왔지? 그 물기가 아직 남았을 거야."

몇 군데 떼어서 만져보니 축축하더라고요. 아이들도 죽은 나무에 왜 이끼가 많은지 충분히 알았을 겁니다. 물론 산 나무에도 이끼가 있지요. 특히 아래쪽에 많아요. 물기가 아래로 쏠려서 다른 부분보다 머무르는 기간이 길거든요. 관찰하는 걸 좋아하는 아이들이라 루페를 잠깐 빌려주니, "와!" 하고 놀라면서 보네요. 뒤에 있는 아이들과 돌아가면서 관찰합니다.

쇠뜨기 생식줄기에서 녹색 홀씨가 나오는 것을 봤고요, 잎벌레와 무당벌레가 다른 점을 관찰했고요, 나무 틈에서 곤충도 발견했어요. 아이들은 풀어놓으면 여기저기에서 신기하고 재밌는 것을 잘 발견합니다. 저는 다니면서 묻는 것에 답해주면 되고요. 모르는 것은 "잘 모르겠다. 집에 가서 찾아보자" 합니다. 잎벌레 이름을 정확히 모르겠더라고요. 우리나라에 370종이 넘는 잎벌레가 있

다는데, 그걸 어떻게 다 외우나요. 도감에도 제대로 나오지 않는데….

비밀 기지 쪽에 있는 나무보다 올라가기 조금 어려워 보이는 버드나무가 한 그루 있습니다. 제가 먼저 올랐죠. 아이들도 올라보겠답니다.

"잡을 게 별로 없어서 어려울 거야. 조심해야 해."

철훈이가 맨 먼저 도전합니다. 올랐네요. 이어서 윤아가 도전합니다. 역시 올랐어요. 홍이도 도전합니다. 온몸에 이끼를 잔뜩 묻히고 성공했어요. 홍이가 내려와서 그러더군요.

"에구! 이끼가 무척 많아요."

"이건 털면 돼."

"이끼가 많아서 입에 들어왔어요."

"어, 조금은 괜찮아!"

철훈이가 다시 오르더니 아래로 뛰어내린대요. 아이들이 위험하다고 하는데, 자신 있나 봐요. 높이가 거의 3m에 달하는데…. 다행히 아래는 푹신푹신한 땅이라서 저도 허락했습니다. 거뜬히 뛰어내리더라고요. 아이들은 손가락만 움직이는 활동보다 온몸을 쓰는 활동 놀이가 필요하지요. 한참 그럴 때가

아닌가 싶어요. 그래서인지 나무 타기는 아이들이 다 좋아합니다.

"선생님, 이제 내려가요." 철훈이는 활동성 있는 놀이를 특히 좋아해서 아이들이 관찰만 하는 게 지루했나 봐요. 오를 나무도 다 올랐고요. 내려가려다 보니 바닥에 나뭇가지가 많아요.

"철훈아, 던지기 놀이할래?"

다른 아이들도 함께 해보기로 했지요. 보통 나무가 많은 곳에선 하기 어려운데, 이곳은 평지가 꽤 넓은 숲이라 던지기 놀이하기에도 적합해 보였어요. 각자 나무토막을 한 개씩 주워서 누가 멀리 던지나 해봤습니다. 세형이도 나서네요. 오! 생각보다 멀리 던져요. 철훈이 형과 평상시에 던지기를 많이 해봤나 봐요. 던지는 폼도 제법이에요. 여자아이들도 던져봅니다. 아직은 좀 서툴러 보여요.

"자! 멀리 던지기로 몸을 풀었고, 이제 정확하게 던지기야."

"어떻게요?"

"저기 보이는 나뭇가지 있지? 그 사이로 던져서 통과시키는 거야. 선생님이 먼저 해볼게."

막대기가 Y자 모양 나뭇가지 사이를 통과했어요. '소원을 말해봐'라는 놀이지요. 각자 솔방울이나 막대기를 주워서 소원을 한 가지 말하고 나무 사이에 던집니다. 통과되면 소원이 이루어진다는 설정이에요. 각자 마음속으로 소원을 생각하고 던지라고 했어요. 잘 못 하더군요. 소원이 잘 이뤄지지 않으려나 봐요. 철훈이는 열 번쯤 던진 끝에 나뭇가지를 맞고 통과됐습니다. 소원이 좀 어렵게 이뤄질 모양이에요.

이 놀이는 소원도 소원이지만 던지기를 계속하는 게 목적입니다. 아이들이 숲에 와서 맘껏 던져보기를 할 기회를 주죠. 평상시에는 야구 외에 이런 활동을 하기 어렵고, 야구도 혼자선 하지 못하니 아이들에게 던지기 놀이할 기회가 별로 없어요.

진영이가 막대기로 땅에 동그라미를 그립니다. 뭔가 다른 놀이가 하고 싶대요. 제가 한 가지 추천했어요. 동그라미 안에 보자기를 깔고 집게를 놓습니다. 같은 거리로 양쪽에 있다가 신호하면 달려와서 집게를 집는 거예요. 먼저 집은 사람이 늦은 사람에게 집게를 물리는 '부엉이와 들쥐' 놀이입니다.

부엉이는 들쥐에게 들키지 않고 다가가야 하고, 들쥐는 부엉이에게 들키지 않고 먹이 활동을 해야죠. 자칫 잘못하면 상대에게 들켜서 저녁을 굶거나, 목숨을 잃을 수도 있어요. 이런 관계를 '천적'이라고 하는데, 자연에서는 아주 많은 동물이 천적입니다. 아차 하는 순간에 생명이 왔다 갔다 하죠. 아이들에게 그런 긴박감을 주기 위해서 해본 놀이예요. 한 사람은 부엉이가 되고, 한 사람은 들쥐가 돼요. 먼저 집게를 집은 사람이 상대방에게 집게를 물릴 수 있어요. 아이들은 집게에 물리지 않으려고 막 도망쳐요. 그러다 보면 신나게 숲을 뛰어다니지요. 아이들은 숨 가쁘게 뛰는 놀이를 좋아합니다.

그렇게 더 놀다가 시간이 꽤 지났어요. 슬슬 내려갈 채비를 하는데 홍이와 윤아가 또 큰 소리로 부릅니다. 둘이 여기저기 다니다 보니 발견하는 것도 많아요.

"선생님, 여기 상형문자 같은 게 있어요."

가보니 곤충이 파먹은 흔적이 상형문자처럼 구불구불 파인 통나무가 있습니다.

"제가 껍질을 벗겨보니 이런 게 나왔어요."

"응, 곤충이 먹으면서 지나간 자리야. 그러고 보니 정말 상형문자 같구나. 우리 조상들이 이런 걸 보고 글자를 만들었을지도 모르겠다."

진영이와 유정이는 얼른 기록장을 꺼내 그림도 그리고, 관찰한 내용을 기록합니다. 그렇게 다른 아이들이 저마다 자연을 보고 다르게 느껴요.

"여기는 오늘 처음 왔는데, 멋진 곳인 것 같다. 다음 달에도 이쪽으로 와보자" 하고 내려왔습니다. 비밀 기지 근처에 도착하니 아이들이 또 나무에 오르네요.

"5분만 나무 타고 놀다가 내려가자."

"네!"

처음에 미처 못 오른 은서와 민서, 세형이가 다 오릅니다. 세형이는 어려서 제가 발을 좀 받쳐줬어요. "다음엔 혼자 올라가야 해" 하고요.

아이들이 실컷 놀았을 즈음 "엄마들이 기다리시겠다. 이제 가자" 하고 내려가기로 했습니다. 이것저것 찾아보고 이야기도 나누며 내려가네요. 홍이와 윤아는 대왕참나무 오빠에게 가서 치료를 더 해주겠다고 하고, 성준이는 아끼는 막대기를 윤아가 가져갔다고 시큰둥합니다. 윤아는 길에서 주웠는데 성준이

거라고 하니, "내가 저기서 주운 거야" 한 말이 있어서 쉽게 주지 못하고 망설이는 모양이에요. 성준이도 떼쓰지 않고 그냥 울먹울먹하네요. "윤아야, 이게 그것보다 좋지 않니?" 하고 바로 옆에 있는 나무를 주워주니 좋대요. 성준이 막대기는 성준이에게 돌아갔습니다.

홍이는 자기 친구 오돌토돌이한테 상처가 났다고 한참 어루만져요. 예전에 지어준 이름인데 잊지 않고 내려가면서 다시 확인해보네요.

내려와서 도시락을 맛나게 먹고, 편히 집에 돌아왔습니다. 날씨가 정말 좋았어요. 저도 모처럼 나가 기분이 좋고 편안했습니다. 아이들이 별 사고 없이 재밌게 놀아서 뿌듯해요. 다음 달엔 산도, 아이들도 어떤 모습일지 기대가 됩니다.

덧글

2012년이 되면서 기획 놀이를 덜하고 아이들이 가는 대로 따라가거나, 아이들이 관심 보이는 것을 봐주고 이야기 나누는 수업을 했다. 내가 의도한 대로 진행하지 않고 아이들의 흐름을 따라가니 아이들의 행동이 보이고, 이야기가 들리고, 생각도 읽힌다. 그러다 보니 수업을 마치고 돌아와서도 아이들과 나눈 이야기가 상세하게 떠올라 후기가 다른 때보다 길어졌다.

2012년 5월

날씨가 아주 좋았어요. 지난달부터 철훈이 동생 세형이가 함께했는데, 오늘은 은서 동생 연호도 합류했지요. 제 수업을 들은 선생님 한 분이 오셔서 든든한 마음으로 시작했어요.

은서는 연호를 잘 챙깁니다. "돌멩이 그만 집어" "거기로 가지 마" 하며 손 잡고 이끌기도 해요. 그러다가 "나 아는 체하지 마" 하네요. 동생 돌보는 일에 살짝 지쳤나 봐요. 그래도 숲에서 계속 동생을 살피며 누나 노릇을 하더군요.

어릴 적 부모님이 아침 일찍 나가서 저녁 늦게 돌아오실 때까지 저희 남매끼리 이것저것 놀이도 하고, 밥도 챙겨 먹으며 지내던 생각이 납니다. 요즘은 한 자녀를 둔 가정이 많다 보니 그런 재미가 사라지는 추세지만, 가끔 두 자녀나 세 자녀 가정을 보면 저희 어릴 적 모습이 떠올라 흐뭇해요. 아이들은 아이

들끼리 소통하면서 배우고 익히는 것 같아요. 그런 면에서 놀이 수업은 반드시 같은 학년끼리 해야 하는 건 아니라고 봅니다. 형, 누나, 언니, 오빠, 동생이랑 함께 어울리는 것도 의미 있으니까요.

걸음이 빠른 아이들은 벌써 비밀 기지에 도착해서 늘 오르던 나무에 올라갔습니다. 자기들끼리 조용조용 놀고 있네요.

"선생님, 칡 먹고 싶어요. 여기 있어요?" 유정이입니다.

"지난번엔 여기 있었는데 잘 안 보이네. 올라가면서 찾아볼까?"

아이들이 칡을 찾겠다고 우르르 나섭니다. 지난해 칡의 잎자루 부분을 껍질 벗겨 먹으며 사과 맛이 난다고 했는데, 봄이 되니 그 생각이 났나 봐요.

숲은 한 달 새 많이 달라졌습니다. 모든 나무에 잎이 돋아 자랐고, 풀도 아이들 키만큼 자라서 숲길을 소복이 덮었어요. 그곳을 헤치고 점점 안으로 들어가는 아이들이 멋져 보이더라고요. 아이들이 숲과 잘 어울립니다. 어쩌면 아이들이 숲에서 노는 게 자연스러운 일이라 더 그런 게 아닐까요?

아이들이 칡을 찾아 위쪽으로 갑니다. 나무에 올랐다가 뒤늦게 내려온 철훈이와 성준이도 따라가고요. 참관 오신 선생님이 철훈이에게 찔레 순을 하나 꺾어 먹입니다.

"선생님, 이거 또 없어요?"

"잘 보고 같은 걸 찾으면 되지."

"성준아, 이거랑 똑같은 거 찾아봐."

철훈이가 벗긴 찔레나무 껍질에서 잎 하나를 떼어 성준이에게 주고, 둘이서 잎을 비교해가며 찔레 순을 찾아 나섭니다.

"이거예요?"

"선생님한테 묻지 말고 너희가 잘 비교해봐."

"어? 다르다. 이건 뾰족한데, 이건 동글동글해요."

"그래, 맞아. 계속 관찰하다 보면 찾아낼 수 있을 거야."

분류학을 알려주거나 교구를 동원하지 않아도 아이들이 잎을 비교해가면서 차이점을 알아내는 게 더 필요한 수업이라고 생각해요. '다른 나뭇잎 찾기'

도 마찬가지 놀이입니다. 이렇듯 준비하지 않아도 현장에서 아이들 상황에 맞춰 놀이를 진행하는 게 자연스럽고 좋아요.

지난달에 알아둔 곳에 도착하자마자, 아이들은 나무에 올라갑니다. 비밀 기지 옆에 있는 나무보다 오르기 어려운 나무예요. 새로운 과제에 도전하는 것을 좋아하는 아이들이 꽤 있어요. 철훈이가 대표적인데, 철훈이가 오르면 윤아도 오르고 성준이도 올라요. 지난달에 참석하지 못한 가온이도 올라갑니다.

철훈이가 먼저 오른 자리에서 훌쩍 뛰어내리네요. 아래쪽이 푹신한 땅이고 풀이 많아서 다칠 염려는 없지만, 그래도 모르는 일이라 주의를 줬어요. 철훈이는 바로 뛰어내리고, 윤아는 망설이다가 뛰지 못했습니다. 성준이는 살짝 내려와서 뛰어내렸고요.

성준이는 철훈이가 하면 꼭 따라 하려고 합니다. 한 살 어린데도 곧잘 따라 하니 참 대단하지요. 형들과 함께 놀면 이런 일이 많아요. 저도 옆집에 두 살 많은 형이 있었는데, 그 형이 하는 대로 따라 했어요. 그 형은 나무로 칼이나 활도 잘 만들고, 그림도 아주 잘 그렸거든요. 늘 그 형과 함께하다 보니 두 살

이란 나이 차가 점점 줄어드는 느낌이었습니다. 부모나 학교 선생님뿐만 아니라 옆집 형도, 삼촌도, 이웃집 아저씨도 아이들 스승이 될 수 있지요.

숲에 들어서면서 아이들이 애벌레를 발견합니다.

"어? 여기 애벌레다." "여기도 있어." "이거 봐. 신기해." "아이 귀여워." "애벌레가 실에 매달렸어요."

5월은 애벌레의 계절입니다. 애벌레들이 여기저기에서 잎을 먹지요. 지구를 곤충의 행성이라고 부를 만큼 곤충이 많은데, 그 애벌레도 당연히 많겠지요. 평상시 어른벌레만 보다가 애벌레가 나타나면 당황스러워요. 어느 벌레의 애벌레인지 구별하기 어렵습니다. 애벌레도 3령, 4령, 시간마다 달라지고요. 한살이를 꾸준히 관찰해야 하는데, 그렇지 않다 보니 잘 몰라요. 이름이 중요한 것은 아니지만 어떤 식물을 먹고, 자라서 어떤 곤충이 될지 알아보는 것도 좋을 듯합니다.

아이들이 애벌레를 귀엽고 신기해하는 모습이 예뻐요. 이름은 몰라도 애벌레를 무서워하거나 징그러워하지 않는 것만으로 좋은 수업이 아닐까 싶어요. 연호가 손바닥에 애벌레를 올려놓고 귀여워합니다. 윤아는 "얘는 새똥 같아요" 하며 새똥 같은 애벌레가 어디 또 있는지 찾아보네요.

가온이는 조용히 제가 빌려준 도감을 보고 애벌레를 관찰하며 한 마리 한 마리 모으고 있습니다. 먹이식물도 함께 넣는 게 좋다고 했는데, 키우기보다 관찰하려는 욕구가 강한가 봐요.

"애벌레가 왜 이렇게 많을까?"

"따뜻하니까요."

"따뜻하면 왜 애벌레가 많을까?"

"추울 때보다 살기 좋잖아요." "먹을 게 많으니까요."

"그래, 맞아. 먹을 게 많지. 어른벌레가 되기 위해 실컷 먹어야 하는데, 애벌레가 주로 뭘 먹지?"

"나뭇잎을 먹어요."

"그래, 맞았어. 여름이 되면 잎이 좀 질겨진대. 그럼 먹기 불편하겠지? 이른 봄에는 잎이 별로 안 나오고."

"아! 그래서 5월에 애벌레가 많구나."

"그래, 이때쯤 잎이 많이 나오고 연하기 때문이야. 아까 찔레 순 먹어봤지? 어땠어?"

"맛있어요."

"그래, 애벌레도 지금 잎이 맛날 거야. 그래서 어른벌레는 애벌레들이 이때쯤 깨어나게 알을 낳지."

"와! 곤충이 수학자네요?" 철훈이가 말합니다.

"그래, 맞아. 곤충뿐만 아니라 자연도 수학자야."

"어쩌면 우리보다 수학을 잘하겠네요?"

"수억 년 동안 그렇게 살아와서 더 잘할지도 몰라."

질문하다 보면 아이들은 스스로 생각하고 정답에 가까운 이야기를 합니다.

다섯 살 세형이가 "성생님, 이제 내려가요" 하고 칭얼대요. 12시 30분이 넘었습니다. 오늘은 늦게 시작해서 조금만 더 놀다 가자고 했어요. 몇몇 아이들이 비밀 기지에 가서 놀아도 되느냐고 해서 그러라고 했습니다. 나머지 아이들은 참관 오신 선생님과 루페로 관찰하고, 찔레 순도 꺾어 먹었어요. 주변에 수영도 보입니다. 아이들이 수영은 못 먹어본 듯해서 맛보라고 하니 아주 맛있다고 하네요. 성준이가 특히 좋아합니다. 자연을 이렇게 입으로 느끼는 것도 좋은 경험이지요.

얼추 시간이 되어 내려가기로 했습니다. 아이들이 여전히 비밀 기지 옆 나무를 타고 노네요. 이제 그 나무 타기는 마스터한 모양이에요. 제가 내려오니 "비밀 기지에서 놀아도 되지요?" 합니다. "그래" 하고 연호와 가온이, 민서, 은서를 챙기는데, 은서가 "아무도 없다" 하더니 나무를 타기 시작해요. 다른 아이들이 있을 땐 오르기 싫었나 봐요. 은서가 오르니 민서도 오릅니다. 둘 다 아이들이 올라간 부분까지 가더니 뿌듯한 표정입니다. 평상시 제가 아이들 놀이에 끼어들지 않다 보니 활기찬 아이들에게 살짝 밀려서 하고 싶은데 못 한 건 아닐까 다시 생각해봤어요.

비밀 기지가 조용해서 보니 그새 아이들이 내려간 모양입니다. 윤아 옷이 기지 안에 있고, 아이들은 보이지 않네요. 제가 "10분 놀다 내려갈 거야"라고 한 말을 기억하고 내려간 것 같아요. 배가 많이 고팠을 수도 있겠어요.

은서와 민서도 내려가고, 가온이와 연호는 손에 올려놓은 애벌레 때문에 천천히 갑니다. 두 아이와 함께 저도 내려왔지요. 모두 맛있게 식사 중이네요. 식당에 가지 않고 도시락을 나눠 먹는 맛이 좋아요. 번거롭지만 아이들도 편하게 먹고, 떠들어도 되니 좋은 모양입니다.

오늘은 편안하게 계절을 느껴봤어요. 자연 수업은 아이들의 감성을 자극하는 부분이 가장 크기 때문에, 계절감이나 장소의 특성 등에 따라 수업하는 게 좋다고 봅니다. 다음 달엔 조금 힘들어도 긴 시간 산행하기로 했어요. 도시락도 각자 준비하고요. 더욱 건강해진 모습으로 다시 만나길 기대합니다.

덧글

동생들이 형, 누나와 함께하는 숲 놀이를 힘들어하는 강사들이 있다. 하지만 우리가 어릴 때를 생각하면 또래만 있는 것보다 여러 연령대가 섞여서 같이 노는 것도 장점이 많다. 형들은 동생을 배려하고 챙기며, 동생들은 형을 따르며 배운다.

찔레 순을 찾을 때 바로 알려주지 않고 스스로 찾아내게 유도한 것은 잘한 일이다. 남이 해준 것보다 스스로 했을 때 성취감이 크다.

아이들과 숲을 산책할 때 주로 질문을 주고받는데, 그것도 생각의 흐름을 잡아주는 좋은 방법이라고 생각한다. 몸을 쓰며 에너지를 발산하는 놀이를 좋아하는 아이도 궁금한 것을 질문하고 답을 듣는 것을 지루해하지 않는다. 어른 입장에서 뭔가 교훈을 주기 위해 먼저 질문하기보다, 아이들이 궁금해서 질문할 때 대답하고 다시 질문하는 게 좋다.

2012년 6월

전날 비가 와서 걱정했는데, 날씨가 아주 화창했어요. 일찍 온 아이들이 놀이터에서 그네를 타고 있습니다. 아이들이 하나둘 도착하고, 이번에도 선생님 한 분이 참관하러 오셨어요. 굴렁쇠 아이들 유아 시절에 담당하신 '물총새' 선생님이에요. 아이들이 격하게 반기더라고요.

오늘은 수업이 평상시보다 수월하겠구나 하고 내심 반가웠어요. 열 명이 많은 건 아니지만, 아이들 수업은 인원이 적을수록 좋아요. 강사 혼자 감당하는 것보다 한 분이 더 봐주면 강사도 편하고, 아이들도 소외되지 않아요.

오늘은 평상시보다 두 배 정도 길게 수업하기로 했어요. 짧은 시간에 맞추다 보니 놀다 말고 내려온 듯해서 늘 아쉬웠고, 기운도 다 쏟지 않아서 땀을 뻘뻘 흘려보고 싶었거든요. 모처럼 산에서 도시락을 먹는 것도 기대가 되었어요.

아이들과 도란도란 이야기를 나누며 비밀 기지 쪽으로 들어서려는데, 자연 경관을 보호하기 위해 남한산성 일대의 출입을 통제한다는 표지판과 함께 줄이 쳐졌지 뭐예요. 게다가 좁던 등산로는 엄청 넓어지고, 성곽 복원 공사 때문

에 트럭들이 왔다 갔다 하고요. 이런! 전혀 예상치 못한 상황이네요. 할 수 없지요. 이제 와서 다른 곳에 가기도 어렵고, 잘 닦인 등산로를 걷기로 했어요.

그래도 새로운 것들이 보입니다. 아이들도 이것저것 발견하고 이야기를 나눴어요. 개미가 끌고 가는 나방의 사체, 바닥에 떨어진 오디, 붉게 익어가는 뱀딸기와 줄딸기… 선우는 Y자 나뭇가지를 찾아내고 좋아합니다. 아마도 영어를 배우기 시작했나 봐요. 6월이라 초여름 숲의 모습을 띠네요. 초여름 숲에선 줄딸기가 단연 주인공입니다. 아이들은 딸기 먹는 재미에 한참 그곳에서 떠날 줄 몰라요. 완전히 익지 않아 좀 신 것도 맛있다며 계속 따네요.

"앗, 따가워!" 윤아가 가시에 찔렸대요.

"왜 가시가 있을까?"

"열매를 못 따게 보호하려고요."

아이들도 이제 웬만한 건 다 알아요. 한 아이가 괭이밥 잎을 먹으니 다른 아이들도 맛있다고 먹습니다. 어릴 땐 신맛이 좋은가 봐요. 저도 어릴 적엔 괭이밥, 수영, 머루를 맛있다고 실컷 먹었어요.

칡 잎을 뜯어 컵처럼 만들어서 그 안에 줄딸기 열매를 담기도 하고, 민준이는 다 먹은 물통에 딸기를 넣고 흔들어서 딸기주스를 만들어 먹습니다. 윤아는 딸기로 뽀글뽀글 아줌마 머리를 만들고요.

길을 걷다 보면 곤충이나 꽃, 애벌레를 만납니다. 아이들은 그런 것들을 자연스럽게 발견하고 "여기 애벌레다!" 하고 공유해요. 강사가 억지로 이끌지

않아도 스스로 발견하고 이야기 나누고 만지고 느끼죠.

다른 때보다 오래 걸었는지 아이들이 잠시 쉬자고 합니다. 물도 마시고 앉아 쉬는데 물총새 선생님이 제안을 했는지, 아이들이 먼저 시작했는지 풀잎으로 당기기 놀이를 하더군요. 어릴 적 저희 고향에선 '영치기 달치기'라고 했는데, 여기에서는 특별히 부를 이름이 없네요.

신기하게도 아이들은 힘들 때와 그렇지 않을 때 놀이가 달라져요. 힘들면 정적으로 앉거나 서서 할 수 있는 활동을 하고, 충전이 되면 막 달리고 던지는 놀이를 하고요. 자연스러운 일이지만 그런 패턴도 알고 있으면 아이들과 놀이할 때 유용할 거예요.

줄딸기 열매가 첫 번째 주인공이었다면, 두 번째는 단연 무당벌레입니다. 아이들이 번데기 껍질도 많이 발견하고, 번데기 껍질과 날개돋이 한 어른벌레가 함께 있는 모습도 보았지요. 윤아가 번데기를 가져왔어요.

"다른 것은 회색인데, 이건 주황색이라서 아직 속에 있는 것 같아요."

"그래, 그런 모양이다. 이건 아직 날개돋이 하지 않았네."

조금 있다가 윤아가 고함을 칩니다.

"얘가 나오려나 봐요, 움직였어요!"

아이들과 함께 가서 보니, 정말로 10초에 한 번꼴로 발딱 일어났다가 제자리로 가고, 일어났다가 제자리로 가기를 반복하더라고요. 껍질을 벗으려고 안간힘을 쓰나 봐요.

"얘가 나오려나 보다. 이런 광경은 쉽게 볼 수 없으니까 다 같이 관찰하자."

모두 주시하는데, 정말로 어른벌레가 살짝 나옵니다. 머리에서 가슴 부분까지 나왔어요. 아이들이 "와! 나온다!" 하며 빙 둘러서 꼼짝 않고 관찰합니다. 잠시 뒤 거의 아랫부분 배까지 쑥 나왔어요. 그러고는 한참을 기다려도 나오지 않네요. 가온이가 조용히 "조금만 더, 조금만 더!" 하고 외칩니다. 그 소리를 들었나요? 녀석이 발에 힘을 주고 기어보더니 몸이 완전히 나오더군요.

"와! 예쁘다."

막 나온 무당벌레는 무늬가 없이 밝은 주황색을 띱니다. 선우가 "아기 낳는 것 같아요" 하네요.

"분명히 무늬가 있는 녀석인데 아직 없네. 얼마 지나면 무늬가 생길까? 지금이 12시 5분이니까 기억했다가 관찰해보자."

이 말이 실수였어요. 자연에 놓아줘야 했는데 관찰하려는 욕심에 윤아가 무당벌레를 계속 들고 다니도록 허락했죠. 무당벌레가 자꾸 달아나려고 해서 "잠시 지퍼백에 넣어두자"고 했는데, 날개가 덜 마른 상태에서 지퍼백에 붙어 한쪽 날개가 다 펴지지 않은 상태로 찌그러졌어요. 저의 잘못으로 '우화부전'이 된 셈입니다. 자연 상태에서도 우화부전은 종종 볼 수 있지만, 제 잘못으로 그렇게 돼서 무척 미안하더라고요. 윤아에게 안타깝지만 "날개를 잘 말릴 수 있도록 이제 숲에 놓아두자"고 했어요. 결국 무늬가 언제 생기는지 알 수가 없었습니다.

좀더 걸어보자고 했어요. 몇몇 아이들이 내달리더니 "와!" 하는 소리가 납니다. 나머지 아이들과 함께 가보니 작은 웅덩이에 개구리들이 잔뜩 있어요.

무당개구리 수십 마리가 짝짓기도 하고, 밖으로 나오려고도 하면서 아이들의 눈을 확 끕니다. 무당개구리 등 빛깔이 다른 것도 있더라고요. 저도 처음 봤어요. 암수가 다른가 했는데, 같은 초록색끼리 짝짓기 하는 것으로 봐서 암수 구분은 아닌 모양이에요. 집에 와서 보니 무당개구리 개체가 원래 등 무늬가 다양하대요.

무당벌레나 무당개구리는 왜 이름에 무당이란 말이 붙었을까? 무당개구리는 독이 있을까? 물리면 죽을까? 이런저런 이야기를 하고 나서 점심 먹을 장소를 찾아봤습니다. 조금 오르다 보니 적당한 장소가 있어서 각자 준비한 도시락을 먹기로 했지요.

둘러앉아서 먹으면 좋을 텐데, 쓰러진 나무에 앉다 보니 일직선이 됐네요. 점심을 먹고 좀더 산을 오르니 슈아베기한 쪽동백이 있더라고요. 마침 제 가방에 작은 톱이 있어서 잘라보았지요. 나무 목걸이 만들기 좋은 재료라서 몇 개 가져가려고 잘랐는데, 아이들도 톱질을 해보겠답니다.

"좋아! 그럼 톱이 하나니까 톱질하고 싶은 친구들은 이쪽으로 와서 줄을 서자. 앞 친구가 자를 때 잡아줘야 해. 잡아준 사람이 다음에 톱질할 수 있어."

톱이 하나라 시간이 오래 걸렸지만, 한편으론 좋다고 생각했어요. 톱질하는 동안 기다리고, 나무가 흔들리지 않게 잡아줄 수도 있으니까요. 교구나 재

료가 조금 모자라도 기다림과 나눔을 배울 수 있어서 좋아요.

먼저 톱질해서 나무토막이 생긴 아이들은 그것으로 뭘 할까 고민합니다. 철훈이가 "선생님, 사인펜 있어요?" 하고 묻네요.

"왜?"

"여기에 그림 그리려고요."

"있긴 한데, 하나라… 여러 가지 있으면 좋을 텐데…. 아! 윤아가 여러 가지 있겠다."

오전에 윤아가 달리기해서 상품으로 사인펜을 받았다고 자랑한 게 생각났습니다. 윤아가 흔쾌히 허락해서 아이들이 나무토막에 그림을 그렸어요.

톱질을 못 한 아이들은 늦게라도 와서 톱질을 하고, 두세 번 더한 친구들도 있습니다. 나무토막을 더 갖고 싶었나 봐요. 그리고 그림 그리기보다 톱질이 재밌는 모양이에요. 안 해본 놀이라서 더 재밌지 않았나 싶어요. 몸도 쓰고 도구도 쓰니 재미있고요. 톱질할 때는 아이들 표정이 진지합니다. 다칠 수 있으니 주의를 기울이는 모습이기도 하고요. 나중에도 톱은 갖고 다녀야겠어요.

톱질한 아이들은 이제 그림을 그려요. 그림 그리는 쪽에선 물총새 선생님이 봐주고, 톱질은 제가 봐주었습니다. 톱질을 마치고 그림 그리는 아이들에게 와보니 모두 예쁘게 그리고 있네요. 아무래도 아까 관찰한 것이 인상에 남았는지 많은 아이들이 무당벌레를 그렸어요. 체험과 관찰의 중요성을 한 번 더 깨달았답니다.

모든 아이들이 정성스레 그림을 그리는 것은 아니지요. 대충 끝내고 몸이 근질근질해서 뭔가 활동적인 놀이를 하고 싶어 하는 아이들도 있습니다. 성준이와 선우가 그렇지요. 바닥에 금을 긋고 그림을 그리지 않은 나무토막으로 누가 멀리 정확히 던지는지 놀이를 하더군요. 민준이와 가온이, 진영이, 철훈이도 함께 놉니다. 그렇게 노는 것도 자연스럽다고 생각해요.

그림 그린 것을 각자 주머니에 넣고 있어서, 다 함께 전시해보자고 했어요. 땅바닥에 간단히 전시장을 마련해서 작품을 죽 놓아봅니다. 모아놓으니 제법 멋져요. 다른 사람의 작품을 보면 나하고 다르다는 것을 느낄 수 있지요. 만들기나 그리기 작품은 가급적 함께 보는 게 좋아요.

톱질과 그리기를 하다 보니 어느덧 2시가 됐어요. 생각보다 조금 올라와서 마지막 30분은 우리가 목표한 것처럼 높이 가보기로 했지요. 민서와 은서가 기운을 내더니 저를 따라 올라옵니다. 두 친구가 이렇게 앞장선 모습은 처음이 아닌가 싶어요.

"선생님, 저 친구 하나 또 만들었어요. 얘는 흰돌이에요." 윤아입니다.

"왜 흰돌이야?"

"다른 나무들보다 흰색이 많잖아요."

서어나무 한 그루가 근처에서 유독 눈에 띄었나 봅니다. 홍이가 왔으면 둘이서 나무에게 한참 이름을 지어줬을지도 모르겠네요. 아이들은 땀을 흘리면서 좀더 올랐습니다. 2시 30분이 되어 오늘은 이쯤에서 멈추고, 잠시 아래를 내려다보며 올라온 높이를 확인하고 내려가기로 했습니다.

"등산하는 사람들이 내려갈 때 많이 다친대. 그러니까 너희도 뛰지 말고 천천히 내려가자."

물총새 선생님이 있어서 그런지 아이들이 내달리지 않고 도란도란 이야기하며 내려갑니다. 저도 뒤에 처지는 아이들을 챙겨서 따라갔고요. 3시가 되어 집결지인 남한산초등학교에 도착했어요. 아이들은 여느 때와 다름없이 담을 넘어서 갑니다.

6월에는 숲이 5월보다 빽빽해지는 느낌이에요. 나무도 자랄 만큼 다 자라고, 이제 열매에 에너지를 투자하는 시간이지요. 나무뿐만 아니라 우리도 마찬가지입니다. 새해를 맞아 지금까지 부지런히 달려왔다면, 6월은 내실을 기하며 천천히 걸어갈 때가 아닌가 싶어요. 아이들과 놀면서도 저 나름대로 숲에 오면 몇 가지씩 느끼고 배웁니다.

아이들도 그런 것들을 느끼지 않았을까요? 7월에는 쉬고, 8월에 캠프에서 만나겠네요. 그때까지 건강히 지내길 바랍니다.

덧글

    자연을 관찰하는 방법이 몇 가지 있다. 천천히 걸으며 보기, 뭔가 발견했다면 멈추기, 오랫동안 관찰하기. 세 가지를 명심하면 자연을 잘 관찰할 수 있다. 무당벌레가 막 어른벌레로 날개돋이 하는 장면을 직접 본 경험은 잊을 수 없을 것이다. 얼마나 인상적이었는지 아이들은 나무 목걸이에 대부분 무당벌레를 그렸다.

    아이들은 톱질하는 것을 좋아한다. 에너지가 발산되고, 해보지 않은 경험이기 때문이다. 아이나 어른이나 해보지 않은 것에 대한 호기심이 있다. 도시에 사는 사람들은 점점 자연에서 할 수 있는 체험을 못 한다. 아이들과 숲에서 이런 활동을 하는 이유도 결국 그런 것을 체험하기 위해서다.

    나무 목걸이를 만들려고 했지만, 아이들은 톱질을 더 좋아했다. 강사가 의도하지 않게 아이들이 다른 데 흥미를 보일 때가 있다. 그때 강사도 새롭게 배운다. '내가 어느새 어른이 되어 아이들 마음을 읽기 어려워졌구나. 아이들과 함께하고 아이들을 이해할 수 있어서 고맙다'고 새삼 느낀다.

2012년 8월 ★ 1박 2일 캠프

이번 여름 캠프는 퇴촌으로 이사한 철훈이네 앞마당에서 진행하기로 했어요. 2시가 되자 아이들이 하나둘 오고, 어머님들도 텐트를 갖고 와주셨지요. 텐트 치기부터 캠프를 시작합니다. 텐트를 미리 쳐주고 계곡 놀이나 숲 놀이를 하는 캠프도 있지만, 제가 진행하는 캠프는 하나부터 열까지 아이들이 직접 해보는 것이 특징이에요.

무엇보다 텐트를 치는 것은 자신들이 잠잘 곳을 스스로 마련한다는 데 의미가 있습니다. 혼자 치긴 어렵지만 여럿이 함께할 수 있는 협동 프로그램이고, 스스로 뭔가 해냈다는 뿌듯함도 줄 수 있는 활동이라고 생각해요. 어려운 과제도 그 구조와 기능을 곰곰이 생각해보면 해결할 수 있다는 것을 느끼게 해주고 싶었어요.

여자아이들은 여자아이들대로, 남자아이들은 남자아이들대로 텐트 칠 위치부터 정하더군요.

"여기는 바람이 잘 안 통할 것 같아." "여긴 개집하고 가깝잖아." "여긴 냄새가 많이 날 것 같아."

각자 이런저런 이유를 대면서 나름대로 최적의 위치에 텐트를 칩니다. 아이들이 중간에 "선생님, 이건 어떻게 해야 해요?" 하고 물었지만 알려주지 않았어요. "왜 그렇게 생겼는지 한 번 더 생각해보고, 어디에 그게 들어가야 할지 살펴봐. 분명히 알아낼 수 있을 거야"라고 대답하고 저는 거의 방관했지요.

뚝딱뚝딱 망치질하며 펙을 박고, 도와가며 지주도 잘 세우더라고요. 비가

와도 새지 않도록 플라이를 칠 때는 여럿이 잡고 묶고 끼우고 마치 조립 모형 조립하듯이 차근차근 해냈어요. 30여 분이 지나자 마당에 텐트 세 동이 완성됐습니다.

어머님들은 잠시 집 안에서 도란도란 이야기도 하고, 아이들이 저녁에 요리할 음식 재료를 준비해주고 밖으로 나오셨어요. 잠깐 사이 마당에 텐트가 멋지게 펼쳐진 것을 보고 깜짝 놀라시더라고요. 아이들 스스로 이렇게 텐트를 칠 수 있으리라고는 생각해보지 않았을 테니까요. 아이들은 뭐든 생각보다 잘하지요. 그래서 믿어줄 필요가 있습니다.

어머님들이 가시고 아이들은 곧바로 간식 먹을 준비를 했어요. 간식은 옥수수를 삶아 먹기로 했지요. 옥수수를 삶기 위해서는 불이 필요한데, 그 불을 직접 만들어보자고 했어요.

"불을 피워볼까 하는데, 어떻게 하면 불을 만들 수 있을까?"

명쾌하고 다양한 대답이 나옵니다. "막대기를 주워서 손으로 비비면 돼요." "활처럼 만들어서 돌리면 돼요."

철훈이는 냇가에서 흰 돌을 주웠는데, 그 돌을 부딪치면 불이 생긴다고 합니다. 방에 가서 흰 돌을 가져오더라고요. 차돌이네요. 어릴 적 시골에서 차돌 두 개를 주워 이불 뒤집어쓰고 세게 부딪치면 반짝 불꽃이 일었어요. 어머니가 어릴 때 그렇게 불을 피웠다고 하시더라고요. 아이들도 과연 부싯돌을 이용해서 불을 피울 수 있을지….

"좋아! 여러 가지 방법이 나왔는데, 책이나 TV에서 보면 불 피우는 방법으로 방금 얘기한 것들이 나오지? 잘 되나 안 되나 우리가 직접 해보자. 불만 피우면 되는 게 아니라 나무도 필요하잖아. 불 피울 친구들은 준비하고, 나무할 친구들은 잘 마른 나뭇가지를 주우러 숲에 가자."

아이들은 두 모둠으로 나눠 한 모둠은 불을 피우고, 한 모둠은 나무하러 갔습니다. 저는 나무하러 가는 모둠을 따라 비에 젖었지만 그나마 잘 마른 나뭇가지를 몇 개 주웠어요. 불쏘시개로 쓸 마른 풀도 뜯고요.

아이들은 불 피우기에 최선을 다합니다. 어디에서 보고 배웠는지 이런저런 방법을 구사하네요. 냄비에 옥수수를 담고 아궁이를 따로 만들어 삶아 먹기로 했어요. 철훈이와 성준이가 냇가에서 아궁이로 사용할 돌멩이를 가져옵니다.

솥을 걸었으니 불 피우기만 성공하면 돼요. 하지만 아무리 해도 불은 피우지 못했습니다. 애들도 손바닥 아프다고 그만하재요.

"'정글의 법칙'에서도 어른들이 아홉 시간이나 해서 겨우 피웠어요. 저희는 무리예요."

아이들은 불을 피우지 못한 게 무능하기 때문이 아니란 점을 어필하기 위해 TV에서 본 '어른들' '아홉 시간'을 강조해서 말합니다.

"어렵지? 선생님도 잘 못 해. 게다가 나무가 비에 젖어서 더 어려웠을 거야. 그래도 한 가지 배웠잖니. 책에 나오는 것이 그렇게 쉽지 않다는 것. 뭐든지 직접 해봐야 알 수 있어. 예전 사람들은 불 피우기 정말 어려웠겠지? 그래서

불씨를 소중히 여겼대. 우리는 가스나 석유, 전기를 사용해서 불을 쉽게 얻으니까 그 소중함을 몰라. 그래도 옥수수는 먹어야겠지? 할 수 없이 우리도 가스를 사용해야겠다.”

옥수수 담은 냄비를 가스레인지에 올려놓고 계곡에 수영하러 갔습니다. 아이들이 덥다고 물에 들어가고 싶어 하더라고요. 옷도 충분히 가져왔다면서. 진영이랑 유정이가 “선생님도 들어오세요” 하고 불러댔지만, 전 옷이 없다는 핑계로 들어가지 않았어요. 들어가서 같이 놀고 싶었는데….

물놀이한 뒤 옷 갈아입고, 아이들 챙기고, 동시에 많은 걸 하려니 엄두가 나지 않아서요. 밖에서 촬영하고 물에는 무릎까지 들어갔어요. 물이 아주 맑고, 깊지 않으면서 넓어 아이들이 물놀이하기 좋더라고요. 선우는 안경 쓰고 놀다가 안경알 한 개가 빠졌대요. 진우는 잠깐 중심을 잃고 넘어졌는데, 큰 돌에 정강이를 찧어서 멍이 들었대요. 민서는 신발 한 짝이 물에 떠내려가서 한 짝만 남았대요. 계곡에서 놀다 보면 그렇지요.

민서가 남은 신발 한 짝을 들고 "이것도 버릴까?" 합니다. 하긴 한 짝만 남은 신발은 쓸모가 없지요. 세상에는 짝지어 있는 게 참 많군요. 장갑도, 양말도, 신발도, 사람도…. 혼자인 제가 살짝 우울해지려고 해요.

"옥수수 익었을 테니 이제 돌아가자!"

진영이가 깨금발로 갑니다. 신발 한 짝을 민서에게 줬대요. 민서가 조금 어리니 진영이가 동생을 배려해서 신발을 벗어준 모양이에요. 민서는 짝짝이 신발을 신고 옵니다.

그렇게 옥수수 냄비 곁으로 모여 따끈한 옥수수를 베어 물었지요. 하나를 먹기 어렵다고 반쪽만 달라는 애들도 결국 나머지 반쪽까지 먹었어요. 방금 삶아서 그런지 아주 맛있더라고요.

저녁 식사 준비가 오래 걸릴 듯해서 곧바로 저녁 준비를 하기로 했습니다. 먼저 모둠을 나눴어요. 여자아이들끼리 한 모둠을 만들고, 남자아이들도 네 명이 한 모둠이 되니, 진우와 민준이가 남네요. 둘이서 한 모둠이 되겠다며 무슨 요리를 할까 고민하더군요. 저녁 식사도 각자 메뉴를 정해서 만들어보기로 했거든요.

처음에는 거창한 메뉴를 말합니다. "얘들아, 일단 우리가 저녁 식사에 사용할 음식 재료를 보고 이것으로 무슨 요리를 할지 정해보자." 삼겹살, 달걀, 쌀, 김치, 김. 이 정도로 할 수 있는 건 뭘까요? 남자아이들은 그냥 삼겹살을 구워 먹자고 했고, 여자아이들은 김치볶음밥을 만들자고 하더군요. 진우와 민

준이는 뭘 만들까 계속 고민하고요.

"모두 밥이 필요한데, 너희 둘은 밥을 하는 게 어떻겠니?"

"네, 좋아요!"

그렇게 모둠마다 정해진 요리를 합니다. 대부분 처음 해보는 것이라 실수도 하지요. 삼겹살 구울 때 프라이팬에 기름을 두르고, 쌀을 씻다가 많은 양을 흘리거나 쌀뜨물 따를 때 수챗구멍에 쌀을 흘리거나, 밥을 풀 때도 밥알을 여기저기 떨어뜨려요.

아이들은 실수투성이고 제대로 하지 못해도 텃밭에서 채소를 뜯고, 서로 할 일을 나눠 신나게 요리합니다. 여자아이들은 김치볶음밥을 만들기 위해 밥이 필요한데, 아직 밥솥의 밥이 안 됐으니 냄비에 하겠대요. 냄비에 밥하기 쉽지 않은데, 맛나게 잘하더군요. 프라이팬에 재료를 마구 넣고 달걀 프라이를 잘게 쪼개서 볶습니다. 순서는 조금씩 틀려도 맛있는 김치볶음밥을 모든 아이들에게 나눠주고요. 나눠 먹는 게 좋지요. 아이들은 자기들이 한 것이니 맛나

다고 먹습니다.

밥을 먹고 나면 설거지도 해야지요. 자기가 먹은 그릇은 알아서 설거지하기로 했는데, 다 같이 먹은 반찬 그릇이나 냄비 등 그릇이 많아요. 선우가 나서서 설거지를 한답니다. 가온이가 돕겠다네요. 둘이서 불평 없이 남은 설거지를 했어요. 가르치지 않아도 하는 아이들이 대견하더라고요. 냄비에 밥이 눌어붙어서 물을 붓고 숭늉도 만들 겸 누룽지도 먹을 겸 가스레인지를 켜는데, 진우가 감자를 깎더니 얇게 잘라서 프라이팬에 굽습니다.

"뭐 하게?"

"감자 칩을 만들려고요."

"밥 먹었는데 또 먹는다고?"

"애들은 더 먹을 거예요."

노릇노릇하게 구워진 감자를 아이들이 "이게 뭐야? 와! 맛있겠다" 하더니 두 조각 남기고 다 먹었어요. 저도 한 개 먹어보니 맛있더라고요. 집에서 해봐야겠어요.

어느새 날이 어둑어둑해집니다. 밤에 볼 수 있는 곤충을 관찰하기로 했어요. 집 앞 벽에 설치된 등에 곤충이 많이 날아왔어요. 등 근처에 거미들이 줄을 쳐놓고 곤충을 잡아먹는 장면이 인상적이에요. 아이들은 온통 거미줄만 관찰합니다. 랜턴을 챙겨서 다리 앞에 가보니 거기도 거미가 많아요.

"여기 다리에 거미줄이 왜 이렇게 많을까?"

"물가에 사는 곤충이 많아서 그런 것 아닐까요?"

아마도 그럴 거예요. 수서곤충이 많잖아요. 잠자리, 하루살이, 날도래 등 물에 살다가 어른벌레가 되는 곤충도 있고, 알을 낳기 위해 물가로 오는 곤충도 있어요. 자연에는 원인 없는 게 없지요.

어떤 아이들은 산에 갔다 오자고 하고, 어떤 아이들은 무서우니 산에는 가지 말자고 해서 적당히 근처까지 가기로 했어요. 산 입구에서 다 같이 눈을 감고 조용히 밤의 숲 소리를 들어봤지요. 벌레 소리가 많이 나더라고요. 매미도 아직 울었어요. 계곡 물소리가 크고, 낮에 들을 수 없는 여러 소리가 들렸지요. 밤하늘을 보라니까 아이들이 "와! 별 많다" 하며 아는 별자리를 찾아봅니다.

"선생님, 근데 왜 서울보다 별이 많아요?"

"서울은 밤에도 환하니까 밝아서 별이 잘 안 보이는 거야. 먼지가 많아서 안 보이기도 하고. 여기 오니 별이 정말 많지?"

아이들은 많은 별을 보고 놀라며 신기해합니다.

"더 늦기 전에 돌아가자. 가서 놀이도 하고, 씻고 자야지."

어두운 산에서 밝은 길로 내려왔습니다. 찻길이라 가로등도 있고 밝았지요. 그런데 오히려 밝은 곳에서 유정이가 넘어졌어요. 포장도로가 빗물에 파인 곳이 보여서 "여기 길이 파였으니 조심해라" 하자마자 진영이가 "유정이 벌써 넘어졌어요" 하는 거예요. 가보니 무릎이 깨졌더라고요. 상처가 좀 깊은 듯해서 부모님께 알려야겠는데, 유정이는 의연하게 울지 않고 아프지도 않다

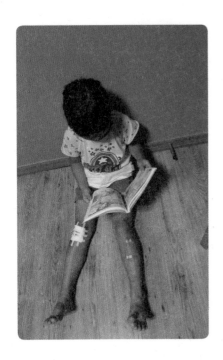

고 합니다. 피도 아직 나지 않았어요. "일단 철훈이네 가서 약 좀 바르자" 하고 유정이가 놀랐을까 봐 손을 꼭 잡고 천천히 걸어왔습니다.

아이들은 솔직하다 보니 유정이 상처를 보고 놀라는데, 놀라지 말라고 했어요. 주변에서 놀라면 당사자도 불안해지니까요. 철훈이네 와서 보니 많이 다쳤더라고요. 이제 피도 나고요. 놀라지 않고 조용히 치료해주긴 했는데, 아무래도 부모님께 알려야 할 것 같아 전화를 드렸습니다.

부모님을 기다리는 유정이는 더 놀고, 텐트에서 자고 싶대요. 그 마음은 이해하지만 빨리 치료해야 하니 집에 가는 게 좋을 듯합니다.

"유정이가 잠시 뒤 집에 가니까, 유정이 있는 동안 신나게 놀자. 원래는 몸을 쓰는 놀이를 하고 싶었는데, '그림 퀴즈 맞히기' 하자."

아이들은 유정이를 걱정하면서도 놀고 싶어 했어요. 유정이도 한쪽에 앉아서 아무렇지 않다는 듯이 함께 놀이했습니다. 그림 퀴즈 맞히기는 제가 만화 그리

기 수업에서 많이 하는 놀이예요. 자기 모둠에게 말하지 않고 그림으로 그려서 단어를 설명하는 겁니다. 그림을 잘 그린다는 것이 어떤 것인지 이야기해주기 위해서 하는 놀이지요. 카드에는 단어를 열 개 적었어요.

좀 쉬운 것과 어려운 것을 함께 냈어요. 병아리나 코뿔소는 쉬울지 모르지만, 짜장면이나 경복궁은 어렵지요. 그런 단어를 다른 사람이 쉽게 맞히려면 어떻게 할까 고민해보는 과정에서 창의적으로 생각할 수 있습니다. 만화가들은 그런 능력이 뛰어나요. 만화가나 예술가가 아니라도 일상에서 그런 능력을 발휘할 일은 많지요. 아울러 똑같이, 세밀하게 그리는 것뿐만 아니라 남이 이해하기 쉽게 특징을 표현하면 잘 그린 거라고 생각해요. 특징을 잘 표현하려면 무엇보다 관찰력이 뛰어나야죠. 아이들에게 주변의 사물과 현상을 잘 관찰하라는 의도로 진행해본 놀이입니다.

그 뒤에는 마음껏 낙서하고 놀기로 했어요. 잠시 뒤 유정이 부모님이 오셨고, 유정이 상처를 보고 아무래도 병원에 가야겠다고 하셨어요. 죄송해서 뭐라 드릴 말씀이 없었습니다. 제가 좀더 신경 쓰고 주변을 잘 살폈다면 유정이가 다치지 않았을 수도 있는데…. 유정이 부모님이 오히려 "선생님 놀라셨지요?" 하며 저를 걱정해주셔서 몸 둘 바를 몰랐습니다.

유정이는 없지만 남은 친구들끼리 재밌고 안전하게 캠프 첫날을 마무리하기로 했어요. 아이들은 10시가 되었는데도 자지 않겠다고 합니다. 밤새서 놀겠대요. 일단 그냥 뒀습니다. 그런데 자정이 넘어도 떠들더라고요. 시골이지

만 이웃 주민이 잠자리에 들 시간이라, 혹시라도 철훈이네 민원이 들어오는 건 아닐까 싶어 아이들을 재웠어요. 아이들은 텐트에서 자기들끼리 잔답니다. 제가 잘 만한 공간이 생기지도 않았고요.

저는 본의 아니게 철훈이네 거실에서 잤습니다. 낯선 곳이기도 하고 아이들 걱정이 되어서 거의 못 잤어요. 새벽에 설핏 잠이 들었는데, 닭이 울어대서 금방 깼어요. 가만히 들어보니 닭이 새벽 5시 무렵에 울기 시작했고, 5시 25분에 매미가 울고, 5시 48분에는 까마귀가 울고, 5시 55분이 되니 새들이 짹짹 지저귑니다. 6시 20분쯤 되니 쏴 하고 비가 오네요. 6시 30분에 아이들이 알아서 일어나더라고요. 6시 48분이 되니 숲 속에서 다람쥐가 찍찍거리는 소리도 들렸습니다. 동물들이 아침에 일어나는 시각이 저마다 다른 모양이에요.

도시의 콘크리트로 된 집 안에서 지내며 들을 수 없던 소리를 들었습니다. 가만히 생각해보니 얼마 전만 해도 인간은 이런 소리를 들으며 살았을 텐데, 지금은 이런 소리 풍경이 모두 변했어요. 다음에는 비바크를 해야겠다고 생각했습니다.

아이들이 일어나자마자 배고프다며 아침을 먹겠답니다.

"그럼 어제 해놓은 밥이 있으니 반찬은 간단하게 만들어서 먹자."

아이들이 달걀 프라이를 해서 먹겠대요. 새벽에 비가 와서 바깥에 있는 식탁이 젖었어요. 가급적 밖에서 해결하려고 했으나, 부득이하게 철훈이네 부엌에 와서 식탁을 사용했습니다. 냉장고에서 반찬도 일부 꺼내 먹었고요.

아이들이 달걀 프라이를 하다가 몇 개를 바닥에 떨어뜨립니다. 그래도 뭐라 하지 않았어요. 이번 캠프 동안 저는 되도록 아이들에게 이런저런 말을 하지 않기로 했거든요. 제가 하는 말이 대부분 잔소리가 되기 때문이지요. '이렇게 해라, 저렇게 해라' '빨리 와라, 천천히 걸어라' '그걸 여기다 놔야지' '서두르니 깨뜨리잖니'… 이런 이야기가 계속되면 아이들이 싫어할 것 같아 쌀을 흘려도 그냥 줍자고 하고, 달걀을 떨어뜨리면 닦자는 말만 했어요. 그런 말도 안 하고 싶었는데, 철훈이네 집을 지저분하게 해놓으면 안 되니까요. 아이들과 소통을 위한 대화는 필요하지만, 잔소리하지 않는 게 좋다고 생각해요.

아침을 먹고 엊저녁에 먹지 못한 사과와 복숭아도 먹었습니다. 배부르다는 아이들도 과일은 잘 먹더라고요. 조금 남기고 다 먹었어요. 설거지는 이번에도 각자 알아서 했고요.

곧바로 텐트를 철거하기로 했습니다. 설치하기보다 철거하기가 어려워요. 잘 개서 넣어야 하니까요. 조금 애를 먹었지만, 아이들은 직접 설치한 텐트를

지주, 펙까지 빠뜨리지 않고 챙겨서 담았어요.

이제 맘껏 노는 일만 남았습니다. 먼저 철훈이네 집 주변 숲을 살펴보기로 했어요. 철훈이가 앞장서서 산으로 올라갑니다. 물이 필요할 것 같아서 담았는데, 철훈이랑 성준이가 머리에 이고 가네요. 그 모습이 귀여워요.

가던 도중 길가에 핀 부추 꽃을 보고 목걸이도 만들고, 강아지풀로 경주도 해보았어요. 이윽고 숲길이 나타납니다. 칡꽃 향도 맡아보고, 비밀 기지를 만들 장소도 찾아보고, 어떤 식물들이 어떻게 사는지 살펴보았지요.

내려오면서 소나무 껍질이 눈에 띄어 배를 만들기로 했습니다. 소나무 껍질에 구멍을 내고 나뭇가지로 돛을 달아서 멋진 돛단배를 만들었어요. 각자 배를 만들어 계곡에서 띄우겠다고 기대에 찬 표정입니다. 내려오는데 오동나무가 있어서 줄기를 잘라 피리도 불어보고, 오동나무 이야기도 잠깐 해주었어요.

드디어 계곡에서 배를 띄울 시간이에요. 멋진 진수식을 생각했는데, 애들

이 배를 띄우니 휙 흘러갔어요. 물살이 빠르지 않은 곳에 놓길 바랐는데, 아주 센 물살 앞에 놓더라고요. 아이들은 그런가 봅니다. 잔잔하고 멋진 배의 움직임보다 급물살을 타고 가는 배를 연상한 모양이에요.

허무한 진수식을 마치고 배는 금방 잊어버렸는지 아이들이 계곡에서 맘껏 놉니다. 마지막 놀이라는 것을 알았는지 열심히 놀아요. 진우가 살짝 빠져서 제 곁에 오네요.

"선생님, 제가 뭔가 보여드릴게요. 뭐 같아요?"

"글쎄, 뭘까…."

"물속에 있어서 주웠는데요, 바로 이거예요."

진우가 비밀스럽게 내민 것은 새하얀 차돌입니다. 거의 투명한 느낌이 날 만큼 동글동글하고 예쁜 돌이에요.

"선생님도 그런 돌 찾고 싶다."

이제 둘이서 돌을 찾아다닙니다. 정말 예쁜 돌이 많더라고요. 색깔도 모양도 제각각입니다. 붉은빛이 도는 것, 보랏빛이 도는 것, 푸른빛이 도는 것…
돌 줍기 삼매경에 빠진 두 남자. 가만 보면 진우와 저는 정적인 면에서 꽤 닮
은 구석이 있는 듯합니다.

"얘들아! 이제 슬슬 돌아가자. 옷도 갈아입고, 짐도 정리하고, 엄마 맞이해
야지."

그런데 아이들이 하나둘 돌멩이 줍기에 관심을 보이네요. 그러니 저도 재
촉하지 못하고 함께 돌멩이를 더 찾습니다. 그러다가 흰 돌 하나를 주웠는데,
큰 돌에 갈아보니 흰 물감 같은 것이 나오더군요.

어릴 때 곱돌이라고 부르던 돌이에요. 분필처럼 글씨가 잘 써지는 돌이지
요. 물을 살짝 묻혀서 돌에 가니까 물감이 생겨요. 그걸 얼굴이나 팔에 바르고
그림도 그리고 놀다 보면 어느새 말라서 하얗게 분을 바른 느낌이 납니다.

제가 오후에 강의가 있어서 아쉽지만 마무리하고 아이들과 계곡에서 나왔
어요. 철훈이네 집에 와보니 아무도 없네요. 잠깐 기다리니까 윤아 어머니와
가온이 어머니가 오셨습니다. 제가 강의하러 간다고 윤아 어머니가 차로 천호
역까지 바래다주신대요. 덕분에 부천에서 하는 2시 강의에 늦지 않고 잘 도착
했어요.

유정이가 다치지 않으면 정말 좋았을 텐데 내내 마음에 걸립니다. 부디
잘 치료했기를, 흉이 남지 않기를 바랄 뿐입니다. 이번 캠프에서 아이들의 안
전 문제가 제일 중요하다는 것을 다시 한 번 느꼈어요. 유정이가 건강한 모습
으로 9월 놀이 시간에 나타나길 바라며 여름 캠프 후기를 마칩니다.

평상시 세 시간 정도로 끝나는 수업과 달리, 캠프는 1박 2일 진행하므로 긴 수업이 가능하다. 캠프에서는 여유 있게 수업할 수 있다. 이때 아이들에게 잔소리하면 의미가 사라진다. 간섭을 최소화하고 먹는 것, 자는 것, 씻는 것 등 모든 부분에서 아이들이 자발적이고 독립적으로 진행하도록 지켜보는 게 좋다. 부모나 강사가 준비하고 계획한 프로그램대로 진행하면 캠프의 의미가 퇴색된다.

아이들은 프로그램의 내용보다 스스로 텐트를 쳤다는 것, 밥을 지었다는 것, 반찬을 만들었다는 것, 친구들과 밤늦게까지 놀고 한곳에서 잠을 잤다는 것 등 평소 해보지 않았거나 부모님이 해주던 데서 벗어나 스스로 의식주를 해결해봤다는 점에서 성취감과 재미를 느낀다. 그런 면에서 아이들을 믿고 기다려줘야 한다. 밥을 태우거나 잠투정할 것 같다는 걱정부터 하지 말고 믿는 게 좋다.

그리고 야외 수업에서는 다치지 않도록 각별히 주의해야 한다. 잠깐 방심한 사이에 유정이가 넘어져 다친 일이 아직도 잊히지 않는다.

마지막 날 냇가에서 비슷해 보이는 돌멩이들 틈에서 마음에 드는 돌을 하나둘 찾으며 '아이들 속에 있는 멋진 면을 내가 잘 찾아주고 있을까? 자연에서 신나게 놀다 보면 자연스레 찾아지지 않을까?' 생각했다.

2012년 10월

오늘은 맹산 쪽으로 옮겼습니다. '봄날' 선생님이 참관하러 오셨어요. 오랜만에 와보는 곳이지만 아이들은 익숙한 듯 내달립니다. 바로 위쪽에 마련된 '반딧불이학교'를 둘러보러 간 것이죠. 남한산초등학교에 모일 때는 학교 놀이터에서 신나게 노는데, 이곳에는 놀이터가 없으니 한 달 만에 만나는 아이들이 놀 수 있도록 잠깐 시간을 주었습니다. 그루터기를 밟으며 잡기 놀이를 한답니다. "간격이 머니까 조심해서 뛰어야 해!" 살짝 주의를 주었어요.

오늘따라 윤아의 질문이 쏟아집니다.

"이건 누가 만들었어요?" "이 털 같은 건 뭐예요?" "작년에 제가 여기에서 버섯 발견한 것 기억하시죠?" "이 열매 안에 있는 씨 같은 게 뭐예요?" "새는 왜 새끼를 안 낳고 알을 낳아요?" "벌은 왜 집을 육각형으로 지어요?"

수많은 질문 중에 새는 왜 알을 낳는지는 간단히 설명될 문제가 아니어서 "물고기나 개구리는 알을 낳는데, 너구리나 사람처럼 포유류는 새끼를 낳지? 진화

상으로 사람에 가까울수록 새끼를 낳는데 왜 그럴까?" 힌트만 주고 더 깊이 생각해보라고 했어요. 벌집에 대해서는 아이들과 함께 생각해보기로 했지요.

"윤아가 벌집이 왜 육각형이냐고 물었는데, 왜 그런지 아니?"

아이들이 저마다 답을 냅니다. "낭비하지 않으려고요." "튼튼해서요."

아마도 책에서 정보를 알았나 봐요. 마침 가방에 밧줄이 있어서 그걸로 설명해줬습니다.

"길이가 같은 끈으로 만들 수 있는 도형 가운데 내부 면적이 가장 넓은 도형이 뭘까?"

"……."

"동그라미, 세모, 네모… 이런 모양 가운데 어느 것이 넓은지 묻는 거야."

"음… 네모?"

"세모?"

"그럼 먼저 세모라고 하자. 세모를 만들어 그 안에 나뭇잎을 넣어볼까?"

아이들이 나뭇잎을 열심히 주워서 안을 채웁니다.

"다 찼네. 옆을 조금 더 늘려서 이렇게 하면?"

원에 가까운 도형을 만들어봤어요. 낙엽을 채운 공간보다 넓은 도형이 만들어져요. 원이 가장 넓은 도형이지요.

벌들도 밀랍을 같은 양 사용할 때 가장 많은 내용물을 저장하기 위해서는 집이 원의 구조를 띠어야 해요. 평면으로는 원이고, 입체로 따지면 구입니다.

구 모양을 띤 열매가 많은 것도 이 때문이에요.

한 개일 때는 원이지만, 같은 크기 원을 여러 개 붙이면 공간이 낭비되는 것을 알 수 있습니다. 그래서 원에 가까운 다각형이어야 해요. 정다각형이면서 다닥다닥 붙을 수 있는 것은 정삼각형, 정사각형, 정육각형밖에 없어요. 셋 중 원과 가장 가깝고 안정적이고 튼튼한 게 정육각형이에요. 비행기 날개 패널 내부도 이런 구조라고 합니다.

아이들에게 좀 어렵지 않을까 했는데 의외로 집중해서 잘 듣더라고요. 시각적으로 뭔가 보여주고 문제를 해결하다 보면 좀더 쉽게 풀리기도 하지요. 어릴 때 이미지화하거나 시각화하는 것이 중요해요. 놀이는 이미지화나 시각화를 위해서도 종종 사용됩니다.

아이들이 땅바닥에 육각형을 그려요. 축구공도 그리고, 아무 모양 없이 패턴을 반복하며 벌집을 연상하기도 하고요. 자연스러운 행동이에요. 잠깐 그렇게 땅바닥에 낙서를 하고 노는데, 윤아가 다시 질문하네요.

"나뭇잎은 왜 길쭉한 타원형이에요?"

"음… 네가 나무 역할을 좀 해야 하는데, 해볼래?"

윤아는 나뭇잎을 들고 나무가 되어 손을 벌리고, 진영이도 다른 나뭇가지가 되어 가지를 뻗어요.

"여기 잎이 있으면 햇빛이 비칠 때 여기는 가려서 햇빛이 안 닿겠지? 어떻게 하면 햇빛이 골고루 잘 닿을까?"

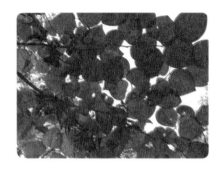

"아, 그래서 마름모랑 비슷한 타원이구나. 그럼 아래쪽에 있는 나뭇잎은 크겠네요?"

"그래, 맞아. 나무들은 대부분 아래쪽 잎이 얇고 넓어."

나뭇잎은 겹치지 않고 햇빛을 잘 받아야 하고, 바람이 세게 불면 잎이 떨어지거나 나무가 뽑힐 수 있으니 길쭉한 모양으로 진화한 겁니다. "바로 옆에 있는 나무를 보자. 아래에서 쳐다보면 최대한 겹치지 않으려고 애쓴 것을 알 수 있어" 하고 박태기나무 아래에서 올려다보게 했어요.

아이들은 그제야 더 확신한 듯한 표정입니다. 음엽 이야기도 해주었어요. 어려운 이야기도 자기 안에 궁금증이 생긴 거라면 집중해서 잘 듣습니다. 강사가 지식이나 정보를 억지로 주입하려고 하면 잘 듣지 않죠.

진영이가 노린재를 손에 올려놓고 관찰하니, 아이들이 모여들어요. 땅바닥에 떨어진 참나무 가지도 거위벌레가 한 짓임을 알고, 도토리에 뚫린 구멍을 찾아내고 알아서 잘 놉니다.

"은서랑 민서는 안 오려나 보다. 이제 슬슬 산으로 올라갈까?" 하고 발걸음

을 재촉했습니다. 얼마 가지 않았는데 개울가에 새 한 마리가 내려와서 목을 축이고 깃털도 씻는 것을 봤어요. 목소리를 낮추고 조용히 난간에 기대 새를 관찰합니다. "직박구리 같아요"라는 말에 "그런 거 같다"고 답했지만, 저도 정확히 모르겠더라고요. "새가 가까이 찾아오게 하고 싶으면 새집을 지어주고 먹을 것을 줘야 하지만, 저렇게 웅덩이를 만들어놓아도 된단다"라고 얘기했어요. 약수터까지 가보자고 발길을 떼려는데, 한 아이가 "여기 계곡으로 가봐요"라고 의견을 냅니다.

"그래, 여기 계곡은 한 번도 안 가봤지? 어떤 모습인지 탐험해볼까?"

처음 가보는 길을 어렵지 않게 도전하는 모습에 저도 산에 올라가는 것을 포기하고 계곡으로 선회했습니다. 그것도 잠깐, 아이들은 근처에서 멋진 숲 놀이터를 발견했어요. 철훈이와 성준이가 어느새 쓰러진 나무에 올라갔네요. 계곡에 걸쳐져서 위험해 보이는데도 야무지게 나무를 탑니다.

"남한산성에 있는 비밀 기지 이제 사용 못 하니까 여기에 기지 만들어요." 진영이가 의견을 냅니다. "그럴까?" 하더니, 모두 이 근처를 기지로 만들자고 하더군요. 너 나 할 것 없이 주변을 돌아다니면서 나뭇가지, 통나무 등을 줍고

나르네요.

아이들끼리 역할을 나눠서 척척 하는 모습은 지켜보는 어른들을 뿌듯하게 하지요. 밖에 나와서 뭔가 커다란 것을 완성하려면 혼자는 어려워요. 여럿이 역할을 나눠서 하다 보면 빨리 끝납니다. 그런 것을 해보면서 자연스레 협동의 뜻도 배우고요.

'드디어 이곳에도 멋진 기지가 생기겠구나. 어떤 모양이 될까?' 은근히 기대가 됩니다. 그런데 기지 만드는 것도 잠시, 아이들이 우르르 몰려갑니다.

"선생님, 여기 놀이터 발견했어요."

가보니 이게 웬일입니까? 엄청 큰 벚나무 한 그루가 쓰러졌어요. 언제 올라갔는지 철훈이가 한참 높은 곳에 있고, 성준이도 올라가려고 폼을 잡네요. 지금까지 올라간 나무들에 비해 난도가 좀 높은 편이에요. 모두 오르진 않아요. 아무래도 겁이 좀 났을 거예요. 윤아가 오릅니다.

"선생님, 손이 아파요. 거칠거칠해요."

그게 나무죠. 그게 쓰러진 벗나무고요. 그 느낌을 계속 기억할 겁니다. 옆에 조금 쉬운 나무가 있네요. 진영이와 홍이, 유정이는 오르기 쉽게 톱으로 맹아지를 정리해요.

"가지를 많이 잘라내면 나무도 힘들 거야."

"여기까지 잘라내려고요."

나무가 건강하지 않을 때, 잠자던 맹아가 싹을 틔워 맹아지가 됩니다. 그 역할이 미비하고 호흡량과 양분이 많이 소모되어 오히려 제거하는 게 낫다고 배운 적도 있는데, 나중에 들은 바로는 그 자리에 다시 맹아지가 나게 하기 위해 에너지가 소모되므로 그냥 두는 게 좋대요. 어찌 됐든 아이들은 적당히 잔가지를 쳐내고 오르락내리락 놀아요. 중간에 산초나무나 아까시나무가 있어서 가시에 찔리는 애들이 생깁니다.

"앗, 따가워! 가시에 찔렸어요."

"그래, 조심해."

가시에 찔린 건 큰 상처가 아니라 호들갑 떨지 않아요. 가시에 찔리면 따끔하고, 넘어지면 무릎에 상처가 나서 아프고, 피나면 쓰라리죠. 우리 몸에 왜 통증을 느끼는 장치가 있을까요? 찔려도 아무렇지 않으면 좋을 텐데, 왜 아프고 피가 날까요?

간단합니다. 다시는 그러지 말라고 그런 거죠. 또 그랬다간 위험할 수도 있으니까요. 그래서 아이들이 작은 통증을 느끼는 것은 그냥 둡니다. 앞으로 주의할 테니까요. 필균이가 톱으로 참나무에 상처를 냈어요.

"그건 살아 있는 나무야. 그걸 왜 베니?" 하며 여자아이들이 말립니다. 멋쩍은지 그냥 가버리는 필균이. 아마도 기지 만드는 데 큰 나무가 필요했나 봐요. 껍질 부분만 살짝 베어서 괜찮을 것 같다고 말해줬어요. 잠시 뒤 홍이가 "선생님, 이거 반창고예요"라고 해서 가보니 상처 난 곳에 풀잎으로 꼼꼼하게 치료해주고 있네요. 다른 아이들도 덩달아 풀잎으로 싸고 끈으로 묶으며 치료

해줍니다.

지켜보던 봄날 선생님이 입술 같다며 흙으로 눈을 만들어 붙여주니, 아이들도 얼굴 만들기를 시작합니다. 이름도 지어준 모양인데, 언뜻 들어서 기억이 잘 안 나요.

어떤 아이들은 나무를 타고, 어떤 아이들은 다친 나무를 치료하고… 같은 장소지만 아이들은 각자 다른 모습을 보여주지요. 예전에는 한 가지 놀이에다 같이 집중하도록 했지만, 요즘에는 아이들마다 성향이 다르고 놀고 싶어

하는 내용이 다르기 때문에 그냥 둡니다. 자기가 하고 싶은 것을 해야 재밌잖아요.

잠깐 간식을 먹기로 했는데, 홍이만 김밥 두 줄을 가져와서 똑같이 나눠 먹었어요. 두 개씩 먹다 보니 한 개가 남아요. 김밥 집 아주머니가 한 줄은 홀수로 잘라주셨나 봐요. 가위바위보 해서 먹기로 했지요. 저도 살짝 배가 고파서 가위바위보 했는데 졌어요.

결국 유정이가 남은 김밥의 주인이 되었지요.

"그 김밥 나 주라. 배고파 죽겠어."

두 아이가 유정이에게 사정합니다. 유정이는 갈등하겠죠? 여럿이 모이면 이런 일이 생겨서 재밌어요. 혼자 놀다 보면 이런 고민은 생기지 않아요. 김밥 먹기도 놀이가 됩니다. 자연이 아이를 키우기도 하지만, 함께 노는 아이들이 서로 좋은 스승이 되기도 해요.

"아까 비밀 기지 짓는다고 했는데, 안 할 거야?"

"이쪽에 비밀 기지 만들래요."

"그럼 어디가 좋을지 생각해서 기지를 지어보자."

"나무 위에 지을래요."

철훈이가 맨 위에 올라가고, 중간에 성준이가 올라가고, 아이들은 통나무를 하나씩 올려줍니다. 처음엔 어려워하더니 저에게 밧줄을 달라고 하더라고요. 민준이가 몇 번 밧줄을 던졌는데 잘 안 되자, 성준이가 밧줄을 허리에 묶

고 나무에 올라가서는 한곳에 묶어두고 아래로 내리는군요. 아래쪽 아이들이 적당한 나무를 골라 밧줄에 묶어주면 위에서 철훈이와 성준이가 끌어 올립니다. 그렇게 한참을 열중해요.

언뜻 나무 위 기지가 그럴싸하게 만들어지는 듯 보이는데, 아무래도 나무를 고정하지 않아 위험하고 안정감이 떨어져서 그런지 중간에 그만두더라고요. 그래도 어려운 과제를 나름대로 고민해서 해결하려고 노력하는 모습이 멋집니다.

철훈이와 성준이는 밧줄을 타고 내려오고 싶어 해요. 위험할 거라고 했는데 철훈이가 자신 있게 밧줄을 타고 내려오네요. 하지만 나무와 달리 밧줄은 가늘고 미끄러워서 손이 주르륵 미끄러졌어요.

"앗, 뜨거워!"

철훈이가 마찰력에 손을 데었나 봐요. 나중에 보니 왼 손바닥에 물집이 하나 잡혔어요. 성준이는 그냥 내려옵니다. 제가 밧줄을 풀기 위해 나무로 올라가는데, 아이들은 밧줄 타기에 여념이 없네요.

"이거 엄청 재밌어, 타봐!"

제가 밧줄이 풀어지지 않게 위에서 매듭 부분을 꼭 쥐었어요. 아이들이 돌아가며 모두 밧줄 타기를 하고 나서야 좀 진정이 되었나 봐요. 내려갈 시간도 되었고요. 밧줄을 풀고 짐을 정리한 뒤 내려가기로 했어요.

"여기가 남한산성보다 좋아요. 다음에 또 와요."

처음에는 놀 게 없어 별로라고 하던 아이들도 쓰러진 나무에서 신나게 놀고 나서는 이곳이 더 좋다고 합니다. 이제 아이들은 남한산성보다 맹산에 가고 싶어 할 것 같아요. 신나게 놀면 그곳이 좋아지죠. 그게 숲에서 아이들이 놀아야 하는 이유고요.

'태풍에 쓰러진 벚나무야, 안됐지만 덕분에 우리 아이들이 신나게 놀았단다. 고마워! 다음에 또 보자.'

덧글

학년이 올라가면 자연스레 질문하는 수준도 달라진다. 강사가 프로그램을 따로 준비하지 않아도 아이들의 질문이 많아지고, 그 깊이와 폭이 달라지기 때문에 질문에 답해주면 된다. 호기심과 집중력도 좋아진다. 어릴 때는 감성적인 것을 잘 흡수하지만, 자라면서 지식적인 면도 채우려고 한다. 그래서 학년이 올라가면 기획 놀이를 좀 하는 것도 좋다.

특히 질문을 하면 어려운 것을 쉽게 이해시키기 위한 놀이가 적합하다. 언제 어떤 것을 물을지 모르니 준비하는 강사로선 어려울 수 있다. 강사들이 여러 가지 공부와 놀이를 배우는 것도 이 때문이다. 그래도 아이들은 나무 타기나 밧줄 타기처럼 자연스럽게 에너지를 발산하는 놀이를 가장 좋아한다.

2012년 12월

날씨가 몹시 추웠어요. 일기예보에 −10℃ 아래로 내려간다고 해서 걱정이 앞섰지요. '이렇게 추운데 아이들이 산에서 놀 수 있을까?' 괜한 걱정이었어요. 아이들은 눈 내린 숲에 도착하자마자 뛰더라고요. 물 만난 고기처럼. 동생들도 따라나섭니다. 재훈이와 세형이도 어리지만 형들 못지않게 잘 놀아요. 눈이 쌓였어도 아이들은 어려움 없이 지난번에 간 곳을 잘 찾아갑니다. 아이젠도 없이 눈 쌓인 숲길을 잘 걸어요. 저는 중간에 몇 번 미끄러졌는데.

이번에도 '봄날' 선생님이 참관하러 오셨어요. 아이들이 남자, 여자로 나뉘어 놀 때 여자아이들 쪽에서 함께 놀아주셨지요. 아이들도 좋아하며 다음에 또 오시라고 하네요.

이제는 아이들과 숲에 들어서면 '오늘은 뭘 가르쳐줄까?' 생각하지 않고, '오늘은 아이들이 어떻게 나를 놀래주려나?' 기대합니다. 자연은 무엇을 가르치는 곳이기도 하지만, 스스로 무엇인가 발견하고 느끼고 깨우치는 곳이잖아요. 이번에도 프로그램을 따로 준비하지 않았어요. 아이들이 원하는 대로 그냥 두기로 했지요. 아이들이 나무에 올라가네요. 눈이 쌓인 나무인데도 기어 올라갑니다. 저라면 엄두가 나지 않았을 텐데요.

"선생님, 미끄러워서 못 올라가겠어요."

철훈이가 맨 앞에서 잘 안 된다고 합니다.

"눈이 쌓였으니 미끄럽지. 선생님 생각엔 안 올라가는 게 낫지 싶은데…."

뒤에서 다른 아이들이 "얼른 올라가" "안 올라갈 거면 내려와. 내가 올라갈게" 아우성이에요. 그래 봤자 다른 아이들도 못 오르긴 마찬가지죠. 이쪽 코스에 처음 오는 선우가 신이 났는지 산 위로 마구 뛰어갑니다. 필균이도 같이 올라가네요. 멀리 가면 안 되니까 저도 일단 따라나섰어요. 민서가 저와 함께 올라갔지요. 민서는 조금 힘들어하면서도 잘 올라갑니다. 이 정도 힘들면 안 올라가도 될 텐데, 왜 자꾸 올라가려고 할까요? 민서에게 제가 생각하지 못하는 목표 의식이나 자기 성취 의지가 있나 봐요.

선우와 필균이가 위에서 뭔가 발견했다고 외칩니다. 아이들이 뭔가 발견했다고 하면 바로 가서 봐주는 게 좋아요. 그것에 대해 같이 탐구하고 의논해야 한다고 생각해요. 어디에서 무엇을 발견했는지 물어보니, "나무에서 진이 흘러내려요" 하며 길을 안내합니다.

"이거 뭐예요?"

"금방 너희가 말한 대로 나뭇진이야."

"무슨 나뭇진이에요?"

"이 나무가 무슨 나무 같아?"

"소나무 같기도 하고, 잣나무 같기도 해요."

"음… 선생님이 보기에 소나무네. 소나무에서 나오는 진이 무슨 진일까?"

"소진?"

"소나무를 한자로 '송'이라고 해."

"아! 송진."

"그래, 송진."

"옛날에 이걸로 불도 피우고 그랬대요."

"맞아, 이걸 이렇게 떼어서 그릇에 담고 불에 데우면 물처럼 녹아. 그걸로 구멍 난 데 메우기도 하고, 배 만들 때 물이 새는 곳에 발라주기도 했대." 막대기로 송진을 긁어내면서 이야기하는데, 아래에서 철훈이 목소리가 들립니다. "선생님, 저 나무에 올라왔어요!" 도대체 어떻게 올라갔지? 아이들과 미끄러지듯 내려왔어요. 앗! 철훈이가 정말 나무에 올라갔습니다.

옆에 있는 다른 나무를 타고 올라갔나 봐요. 다른 남자아이들도 옆 나무에 주렁주렁 매달렸습니다. '아, 저런 방법도 있구나!'

지나치게 큰 의미를 부여하는 것일 수 있지만, 우리가 지금처럼 문명 생활을 하는 것도 처음에 뭔가 시도한 사람이 있기 때문에 가능했겠지요. 지구는 둥그니까 한쪽으로 계속 가면 분명히 돌아올 수 있을 거라 생각하고 항해를 시작한 사람이 있었고, 사람들이 감자에 독이 있을 거라 믿고 먹지 않을 때 먹어보고 괜찮다고 한 사람이 있었어요. 그렇듯 세상은 도전하는 사람들이 발전시킬 수 있다고 생각해요. 철훈이를 비롯한 아이들은 나무 타기 도전자인 셈이죠. 그리고 그것을 해냈고요. 참 대단합니다.

물론 미끄러워서 떨어질까 걱정스러워 가급적이면 나무에 올라가지 말자고 했어요. "지난번에 비밀 기지 만들다가 말았잖아. 이번에 오면 다시 만든다고 하지 않았니? 나무 타기보다 그때 말한 대로 기지를 짓는 게 어떨까?"라고 시선을 기지 쪽으로 돌리도록 했지요. 다행히 아이들은 "아, 맞다! 기지 만들기로 했지" 하고 우르르 몰려갑니다.

그런데 하나를 짓지 않고 몇몇이 따로 기지를 짓겠대요. 윤아와 홍이, 유정이, 민서 그렇게 여자아이들이 한 모둠이 되어 짓고, 철훈이와 세형이, 가온이, 재훈이가 한 모둠이 되어 짓고, 선우와 필균이, 성준이가 한 모둠이 되어 짓는다고요.

"이왕이면 다 같이 모여서 하나로 멋지게 짓지?"

"싫어요, 그냥 따로 지을래요."

"그래, 그러렴."

가급적이면 애들이 원하는 대로 두는 게 좋다고 생각해서 허락했습니다. 그러다 보니 정말 다른 방식으로 기지를 짓더라고요.

여자아이들은 쓰러진 나무 두 그루를 이용해서 그 위에 지붕처럼 나무를 올리기로 했답니다. 서로 의견을 나누더니 나무를 많이 모으는 게 중요하다고 주변의 나무들을 모아요. 큰 나무는 여럿이 함께 들고요. 자연에 나오면 일용품보다 훨씬 크고 무거운 게 많습니다. 그래서 자연스럽게 협동하지요. 실내보다 밖에 나와서 수업을 하면 좋은 점이 거기에도 있어요.

철훈이 모둠은 둘러싸여 자라는 소나무들을 이용해서 나무를 세워가며 기지를 만듭니다. 철훈이와 세형이, 재훈이는 중간에 그만두고 다른 모둠의 기

지를 보거나 나무 타기를 계속하고 싶어 해요. 가온이가 끝까지 남아서 나름 대로 기지를 완성해가네요. 가온이는 책임감이 강한 것 같아요. 한번 시작한 비밀 기지니까 혼자라도 열심히 하다 보면 기지를 완성할 수 있을 거라는 생각으로 묵묵히 나무를 세웁니다.

선우를 비롯한 아이들이 어디 있나 보니 한참 떨어진 곳에서 열심히 톱질을 하네요. 그새 쓰러진 나무 한 그루를 잘랐습니다. 윗부분을 이용해서 기지를 짓겠대요. 여자아이들이 불러서 가보니, 나무를 위에 올렸지만 움직이지 않게 끈으로 묶고 싶다고 하네요.

"오늘은 끈이 없는데… 자연에서 구하면 안 될까?"

"자연에서 어떻게 끈을 구해요?"

"칡이 있으면 좋은데… 아니면 나무뿌리 중에도 밧줄 역할을 할 만한 게 있는데 찾아볼래?"

272

홍이가 쓰러진 나무의 뿌리 중에서 쓸 만한 걸 발견합니다. 그것을 이용해서 나무를 묶었지요. 그래도 좀 모자라서 칡이 있는지 찾아보기로 했어요. 그 와중에 댕댕이덩굴 줄기를 발견했지요. 칡은 보이지 않더라고요. 아쉬운 대로 댕댕이덩굴이라도 사용해야죠.

민서가 발이 시리대요. "발가락을 꼼지락거리면 발이 덜 시리다"고 하니, "벌써 몇 번 꼼지락거렸는데도 시려요" 하면서 내려가고 싶답니다. 아직 시간이 좀 남아서 참았으면 했는데 발이 많이 시리대요. 봄날 선생님이 같이 내려가다가 달래서 다시 데려옵니다. 얼추 시간이 지나 대략 비밀 기지가 완성돼가요. 세 비밀 기지가 각각 어떤 특징이 있는지 살펴보고 감상했어요.

선우네 모둠 비밀 기지는 멀리 있어 내려가면서 봤는데, 쓰러진 나무를 잘라서 만든 기지치고는 근사해 보였어요. 나뭇가지 자체가 기지가 된 셈이죠. 안쪽 가지들을 잘라서 안에 들어갈 수 있게 했더라고요. 모두 재밌는 아이디어로 잘 만들었고, 서로 돕고 책임감 있게 잘했다고 칭찬해주고 부모님들이 기다리시는 산 아래로 내려갔습니다.

가는 길에 쓰러진 나무를 넘어가다 성준이가 눈 위에 살짝 굴렀어요. 그 모습에 아이들이 재밌어하네요.

"다 같이 눈 위에 굴러볼까?"

뒤에 내려가는 남자아이들 몇이 길바닥에 누워 눈 위를 구릅니다.

"여기 동그라미 그려놓을 테니 굴러서 들어갈 수 있겠니?"

모두 해보겠대요. 눈으로 보면서 굴러도 원 안에 들어가기 쉽지 않습니다. 잠시나마 눈 위를 구르며 깔깔대다가, 벌떡 일어나 얼어붙은 연못에 달려가서 고드름을 깨며 놀아요. '겨울에도 놀 게 참 많구나' 새삼 느낍니다.

"자, 오늘은 이 정도로 마치고 내려가자. 부모님들이 오래 기다리시겠다."

아이들을 재촉해서 내려왔어요. 눈싸움을 할까 했는데 날씨가 추워서 그런지 눈이 잘 뭉쳐지지 않고, 여자아이들은 안 하겠다고 합니다. 올해 마지막 모임은 잔잔하게 놀며 마쳤어요. 날이 추워서 아이들도 좀 힘들어했지요. 식당에서 점심을 맛나게 먹고 얘기도 나눴습니다.

내년부터는 생태 연극 놀이를 하기로 했어요. 먼저 오리엔테이션 겸 겨울 캠프를 가고요. 거기에서 아이들과 연극에 대한 이야기를 나누겠습니다.

덧글

2012년 12월 놀이 수업으로 자연 놀이 시간은 끝났다. 이듬해에는 아이들과 숲 속에서 연극 놀이를 했다. 연극 놀이라도 자연을 알아야 하기에 자연과 즐겁게 놀고 나서 발성 연습을 위해 노래도 부르고, 몸으로 하는 표현력을 기르기 위해 흉내 내기 놀이를 많이 했다. 그리고 크리스마스에 온 가족이 모여 공연을 했다. 그렇게 굴렁쇠 아이들과 보낸 7년이 마무리되었다.

지금은 또 다른 아이들과 남한산성에서 놀이를 한다. 굴렁쇠 아이들과 함께한 7년 동안 자연은 가르치는 게 아니라 느끼는 것임을, 우리 아이들은 자연에 대한 공부보다 자연에서 놀기를 좋아한다는 것을, 아이들이 저마다 성격이나 생각이 다르고 자연도 다르게 느낀다는 것을 배웠다. 그렇게 배운 것들을 이제야 마음 편히 발휘한다. 나를 깨우치고 가르쳐준 아이들에게 고마운 마음을 전한다.